电力电缆施工新技术与维护

罗步升 ◎ 著

吉林科学技术出版社

图书在版编目（CIP）数据

电力电缆施工新技术与维护 / 罗步升著. -- 长春 :
吉林科学技术出版社, 2023.5
ISBN 978-7-5744-0402-1

Ⅰ. ①电… Ⅱ. ①罗… Ⅲ. ①电力电缆 Ⅳ.
①TM247

中国国家版本馆 CIP 数据核字(2023)第 092010 号

电力电缆施工新技术与维护

DIANLI DIANLAN SHIGONG XINJISHU YU WEIHU

作　　者　罗步升
出 版 人　宛　霞
责任编辑　王丽新
幅面尺寸　185 mm × 260 mm
开　　本　16
字　　数　288 千字
印　　张　12.75
版　　次　2023 年 5 月第 1 版
印　　次　2023 年 5 月第 1 次印刷

出　　版　吉林科学技术出版社
发　　行　吉林科学技术出版社
地　　址　长春市净月区福祉大路 5788 号
邮　　编　130118
发行部电话/传真　0431-81629529　81629530　81629531
81629532　81629533　81629534
储运部电话　0431-86059116
编辑部电话　0431-81629518
印　　刷　北京四海锦诚印刷技术有限公司

书　　号　ISBN 978-7-5744-0402-1
定　　价　70.00 元

前 言

电力电缆作为我国配电网中的重要组成部分，对我国的长久发展起着至关重要的作用。这便要求在进行电力电缆施工的过程中，必须对相关问题进行详细的评估和了解，并且根据存在的或者是潜在的问题做好必要的防范措施，保证电力电缆在运行过程中的安全和稳定，从而促进我国电力事业的快速发展。

电力电缆安全运行的基础保障就是电缆保护接地系统,其主要的作用就是保持电位的定值，进而保障电网在不同状态中接地点电位的稳定性。通过零序直流通过半波整流电路进行检验，基于电网母线注入地，利用各个分支中接地电阻、铠甲电阻以及对地绝缘电阻等返回电网，在不同分支中的出线端中通过直流传感器则可以确定零序直流，在不同分支中的出线端中获得零序直流，构建等效直流模型。在常规状况之下，电缆线路要根据电缆导线的实际状况以及截面积、绝缘种类等确定其最大的电流数值，在实践中通过对不同类型仪表测量分析，检测线路的负荷以及电缆的外表温度，可以合理的控制绝缘温度，进而达到延长电缆寿命的效果。电缆温度测量主要就是在衔接或者电缆呈现最大负荷的时候开展，要选择散热性能较差的地方进行检测分析，在测量直埋电线温度的时候，要对其他热源部分中的土壤温度进行同时测量分析，在一般状况之下，电缆以及地下热力管较差或者进行就近敷设过程中，电缆周围土壤要始终保持在此段内的其他位置深度土壤的温度范围中。通过专用的仪表测量临近电缆以及周边线路的土壤,要做好阳极区周边电缆金属防腐保护管理。如果在周边电缆线路中存在湿润的土壤以及生活垃圾，则就会增加电缆化学腐蚀以及生物腐蚀的概率。加强对电力电缆的交接实验分析以及预防性的试验检测，要做好绝缘试验控制，便于施工检查，加强对施工不同阶段中电缆工艺质量的控制与管理，在实践中其主要检查的内容就是保障电缆固定以及周边弯曲半径是否可以满足设的标准要求，是否存在一些机械性的损失问题，电缆的标牌是否清晰等等，要保障电缆沟的盖板齐全性，要保障夜间的照明装置可以满足实际的设计标准以及要求。本书从电力电缆基础知识介绍入手，针对电力电缆的基本组成、电力电缆敷设，以及电力电缆敷设施工技术进行了分析研究；另外对电力电缆附件安装技术、电力电缆故障诊断及电力电缆的运行维护做了一定的介绍；还对电力电缆火灾风险及质量评价做了简要分析。本书旨在摸索出一条适合电力电缆工作创新的科学道路，帮助其工作者在应用中少走弯路，运用科学方法，提高效率。

由于电力电缆技术的发展日新月异，加之书中涉及内容广泛，难免有疏漏和不足之处，敬请各位专家及同人批评指正，以便本书改进和完善。

目　录

第一章　电力电缆基础知识 1
第一节　电力电缆概述 1
第二节　电力电缆的分类及结构 4
第三节　电力电缆的选择 7
第四节　电力电缆的材料及特性 10
第五节　电力电缆的绝缘性能 13
第六节　电力电缆附件 18

第二章　电力电缆的基本组成 29
第一节　导电线芯 29
第二节　绝缘层 31
第三节　保护层 40

第三章　电力电缆敷设 43
第一节　电力电缆线路敷设基本要求 43
第二节　电力电缆运输及保管 51
第三节　电力电缆敷设方式 56
第四节　电力电缆敷设施工器具 59
第五节　电力电缆敷设技术要求及质量控制 61

第四章　电力电缆敷设施工技术 67
第一节　电力电缆的牵引方式及直埋敷设 67
第二节　电力电缆排管及沟道敷设 71
第三节　电力电缆竖井敷设及固定方法 76

第五章　电力电缆附件安装技术 81
第一节　电力电缆附件种类和安装工艺要求 81
第二节　电力电缆附件安装的基本操作 86
第三节　1 kV 及以下电力电缆附件安装 100
第四节　10 kV 电力电缆附件安装 105

第六章　电力电缆故障诊断 120
第一节　故障距离粗测 120
第二节　电缆路径探测 135
第三节　电缆故障的精测定点 139

第七章　电力电缆的运行维护 148
第一节　电力电缆线路运行维护的内容和要求 148
第二节　电力电缆设备巡视 153
第三节　设备运行分析及管理 165

第八章　电力电缆火灾风险及质量评价 170
第一节　电力电缆火灾风险评估 170
第二节　电力电缆在线监测系统设计 173
第三节　电力电缆工程质量评价 185

参考文献 195

第一章　电力电缆基础知识

第一节　电力电缆概述

一、电缆的概念

电线电缆是用以传输电（磁）能、信息和实现电磁能转换的线材产品。广义的电线电缆亦简称为电缆，狭义的电缆是指绝缘电缆，它可定义为由下列部分组成的集合体：一根或多根绝缘线芯，以及它们各自可能具有的包覆层、总保护层及外护层；电缆亦可有附加的没有绝缘的导体。

常用的电缆按用途可分为电力电缆、控制电缆、通信电缆、射频电缆、定温电缆、温控电缆等。

用于电力传输和分配大功率电能的电缆，称为电力电缆。在电力电缆技术中，通常把35 kV及以下电压等级的电力电缆称为中低压电缆（或配电电缆），110 kV及以上电压等级的电力电缆称为高压电缆（或输电电缆）。

二、电力电缆的应用

随着我国城市建筑物和人口密度的增加，中低压架空裸线配电系统已暴露出许多问题。为降低架空输电线路系统的故障率，在城市配电系统中逐步使用架空绝缘电缆代替现有的架空裸线，并规定城市电网的输电线路与高、中压配电线路，在下列情况下必须采用电缆线路：①根据城市规划，繁华地区、重要地段、主要道路、高层建筑区及对市容环境有特殊要求的场合；②架空线路和线路导线通过严重腐蚀地段，在技术上难以解决者；③供电可靠性要求较高或重要负荷用户；④重点风景旅游区；⑤沿海地区易受热带风暴侵袭的主要城市的重要供电区域；⑥电网结网或运行安全要求高的地区。

三、电力电缆的基本特性

电力电缆除了良好的导电性能外，必须有良好的环境适应性：不同的使用环境对电力电缆的耐高温、耐低温、耐电晕、耐辐照、耐气压、耐水压、耐油、耐臭氧、耐大气环

境、耐振动、耐溶剂、耐磨、抗弯、抗扭转、抗拉、抗压、阻燃、防火、防雷和防生物侵袭等性能均有相应的要求。另外，为了确保电缆工程系统的整体可靠性，对一些在特殊使用条件下工作的电缆除按电缆的标准和技术（如测试、试验、核相和检验办法等）外，还增加了使用要求的具体规定。

（一）电气性能

电气性能是指电力电缆的导电性能、电绝缘性能和传输特性。

1. 导电性能

电力电缆不仅要具有良好的导电性能，对个别的电线电缆还要求有一定的电阻范围。

2. 电绝缘性能

包括绝缘电阻、介电常数、介质损耗、耐电压特性等。

3. 传输特性

指高频传输特性、抗干扰特性等。

（二）力学性能

力学性能是指电力电缆抗拉强度、伸长率、弯曲性、弹性、柔软性、耐振动性、耐磨性及耐冲击性等。

（三）热性能

热性能表明电力电缆产品的耐热等级、工作温度、发热和散热特性、载流量、短路和过载能力、合成材料的热变形和耐热冲击能力、材料的热膨胀性及浸渍或涂层材料的滴流性能等。

（四）耐腐蚀和抗气候性能

耐腐蚀和耐气候性能是指电力电缆耐电化腐蚀、耐生物和耐细菌侵蚀、耐化学药品（如油、酸、碱、化学溶剂等）侵蚀、耐盐雾、耐日光、耐寒、防霉及防潮性能等。

（五）老化性能

老化性能是指电力电缆在机械（力）应力、电应力、热应力，以及其他各种外加因素的作用下，或外界气候条件下产品组成材料保持其原有性能的能力。

（六）其他性能

包括组成电力电缆的部分材料的物理性（如金属材料的硬度、蠕变，高分子材料的相容性）及某些特殊使用特性，如阻燃、耐原子辐射、防蚂蚁啃咬、延时传输、能量阻尼等。

四、电力电缆线路特点

电力电缆线路是除了架空线路之外的另一种传输电能的途径。架空输电线路是用裸导线传输电能，电力电缆线路则是用电缆芯导线传输电能。电力电缆线路也有架空敷设的，但一般都是埋入地下（水下）土壤或敷设于管道、沟道、隧道中。随着我国电力工业高速发展，电力电缆输电线路已然成为电力网络中不可缺少的输电设备，得到了更加广泛的应用。

（一）电力电缆线路的优点

与架空线路相比，电力电缆线路具有以下优点：①电缆线路受外界气候条件和周围环境干扰的影响小。不存在雷击、风害、覆冰、风筝和鸟害等，不存在架空线路常见的断线倒杆、绝缘子闪络破碎，以及因导线摆动所造成的短路和接地事故。因此，具有供电可靠的优点。②电缆线路一般埋设于土壤中或敷设于室内、隧道里，不用杆塔。它节约木材、钢材和水泥，尤其是在市区能减少对人的危害，并使市容整齐美观。③电缆线路受路面建筑物的影响较小，适于在城市繁华地区敷设。④电缆线路运行简单方便，维护工作量小，费用较低。除充油电缆线路外，一般电缆线路只须定期进行路面观察，防止外损，即2 ~ 3年做一次预防性试验即可。而架空线路由于外界环境的影响和污秽问题，为了保证安全、可靠供电，必须经常进行维护和试验工作。⑤电缆线路地下敷设，不占地面空间，同一地下通道可容纳多回线路，线路也比较隐蔽；另外也有利于防止断线落地引起的触电事故及保证安全用电。⑥电缆线路的送电容量大，有助于提高电力系统的功率因数；具有向超高压、大容量发展等优越性，如采用低温、超导电力电缆等。⑦电缆线路不受沿线树木生长骚扰的影响。

（二）电力电缆线路的缺点

电缆线路虽然有上述若干优点，但是也有下列不足之处：①成本高，一次性投资费用较大。例如，采用成本最低的直埋方式敷设一条35 kV电缆线路，其综合投资费用为相同架空线路的4 ~ 7倍；另外，同样的导线截面，电缆线路的送电容量要小于架空线路。②敷设后不易再变动，不适宜做临时性使用。③电缆线路的分支接头不易解决。④地下电力电缆寻找故障困难，必须使用专门仪器进行测量，并要求测试人员具备一定的专业技术水平和能力。在复杂的电力系统中寻找电缆故障更为困难，远远不及架空线路那样可以显而易见。⑤电缆线路发生故障后进行修复及恢复供电时间是架空线路的很多倍，因为电缆线路埋设在地下，进行修复时要挖出电缆，在进行修复和试验等工作后才能恢复供电。⑥电缆线路接头的制作工艺要求较高，需要由受过专门训练的技工操作。

第二节　电力电缆的分类及结构

一、电力电缆的种类

随着电力电缆应用范围的不断扩大和电网对电力电缆提出的新要求，制造电力电缆的新材料、新工艺不断出现，电缆的电压等级逐渐增高，功能不断增强和细分，电力电缆的品种越来越多。电力电缆可以有多种分类方法，如按电压等级分类、按导体标称截面积分类、按导体芯数分类、按绝缘材料分类、按功能特点和使用场所分类等。

（一）按电压等级分类

电力电缆都是按照一定的电压等级生产制造的，不同电压等级的电缆应用于不同电压等级的电网，同一电压等级的电缆可以采用相同的绝缘厚度，也可以根据导体截面积不同、绝缘材料不同及接地方式运行情况不同，采用不同的绝缘厚度。我国电缆产品的电压等级包括0.6/1、1/1、3.6/6、6/6、6/10、8.7/10、8.7/15、12/15、12/20、18/20、18/30、21/35、26/35、36/63、48/63、64/110、127/220、190/330、290/500 kV，共19种。

从施工技术要求、电缆中间接头、电缆终端结构特征及运行维护等方面考虑，同时为了交流的方便，也可以依据电压范围粗略进行分类：①低压电力电缆（1 kV）；②中压电力电缆（6 ~ 35 kV）；③高压电力电缆（110 kV）；④超高压电力电缆（220 ~ 500 kV）。

（二）按导体标称截面积分类

电力电缆的导体是按一定等级的标称截面积生产制造的，这样做是为了形成一定的规范，既便于制造，也便于施工。

我国电力电缆标称截面积系列单位mm^2分为1.5、2.5、4、6、10、16、25、35、50、70、95、120、150、185、240、300、400、500、630、800、1 000、1 200、1 400、1 600、1 800、2 000、2 500，共27种。高压和超高压电力电缆标称截面积系列单位mm^2分为240、300、400、500、630、800、1 000、1 200、1 600、2 000、2 500，共11种。

在选择电缆导体的截面积时，能采用一个大的截面积电缆时，就不要采用两个或两个以上的小截面积电缆来代替。

（三）按导芯数分类

电力电缆导体芯数有单芯、二芯、三芯、四芯和五芯共5种。单芯电缆通常用于传送直流电、单相交流电和三相交流电，一般中、低压大截面的电力电缆和高压、超高压电缆多为单芯。二芯电缆多用于传送直流电或单相交流电。三芯电缆主要用于三相交流电网中，在35 kV及以下各种中小截面积的电缆线路中得到最广泛的应用。四芯和五芯电缆多用于低压配电线路，随着TN-S保护系统推广和普及，五芯低压电缆的应用比四芯低压电缆的应用会更多一些。一般情况下，只有1 kV电压等级的电缆才有二芯、四芯和五芯。

（四）按绝缘材料分类

1.挤包绝缘电力电缆

挤包绝缘电力电缆包括聚氯乙烯绝缘电力电缆、交联聚乙烯绝缘电力电缆、聚乙烯绝缘电力电缆、橡胶绝缘电力电缆。挤包绝缘电力电缆制造简单，重量轻，终端和中间接头制作方便，施工和运行时允许弯曲半径小，敷设安全，维护量小，并具有耐化学腐蚀和一定的耐水性能，适用于高落差和垂直敷设。聚氯乙烯绝缘电缆、聚乙烯绝缘电缆一般多用于10 kV及以下的电缆线路中；交联聚乙烯绝缘电缆多用于6 kV及以上乃至110 ～ 500 kV的电缆线路中；橡胶电力电缆，由于其柔性特别好，适用于35 kV及以下的线路中，特别适用于发电厂、变电站、工厂企业内部的连接线，矿山、船舶等场所以及其他经常移动的电气设备。

2.油浸纸绝缘电力电缆

油浸纸绝缘电力电缆是历史上应用最广泛的一种电缆。油浸纸绝缘电力电缆的绝缘是一种复合绝缘，它是以纸为主要绝缘体，用绝缘浸渍剂充分浸渍制成的。

（五）按功能特点和使用场所分类

1.阻燃电力电缆

普通电缆的绝缘材料有一个共同的缺点，就是具有可燃性。当线路中或接头处发生故障时，电缆可能因局部过热而燃烧，并导致扩大事故。阻燃电缆是在电缆绝缘或护层中添加阻燃剂，即使在明火烧烤下，电缆也不会燃烧。阻燃电力电缆的结构与相应的普通聚氯乙烯绝缘电力电缆和交联聚乙烯绝缘电力电缆的结构基本上相同，而用料有所不同：对于交联聚乙烯绝缘电力电缆，其填充物（或填充绳）、绕包层、内衬层及外护套等，均在原用材料中加入阻燃剂，以阻止延燃；有的电缆为了降低电缆火灾的毒性，电缆的外护套不用阻燃型聚氯乙烯，而用阻燃型聚烯烃材料。对于聚氯乙烯绝缘电力电缆，有的采用加阻燃剂的方法，有的则采用低烟、低卤的聚氯乙烯料做绝缘，而绕包层和内衬层均用无卤阻燃料，外护套用阻燃型聚烯烃材料等。至于采用哪一种型式的阻燃电力电缆，要根据使用者的具体情况进行选择。

2.耐火电力电缆

耐火电力电缆是在导体外增加耐火层，多芯电缆相间用耐火材料填充。其特点是可在发生火灾以后的火焰燃烧条件下，保持一定时间的供电，为消防救火和人员撤离提供电能

和控制信号，从而大大减少火灾损失。耐火电力电缆主要用于1 kV电缆线路中，适用于对防火有特殊要求的场合。

二、电力电缆的基本结构

（一）线芯

1.作用

线芯的作用是导电，用来输送电能，是电缆的一个主要部分。

2.材料要求

电缆线芯的材料应是导电性能好、机械性能高、资源十分丰富的材料，适宜于生成制造和大量应用。

3.规格与结构

（1）截面

为了便于设计制造和安装施工，电缆的截面必须采用规范化的方式进行定型生产，即电缆的截面由小到大按标称截面规格进行生产。

（2）芯数

指电缆具有多少根线芯，一般有单芯、二芯、三芯、四芯、五芯电缆5种形式。

（3）形状

有圆形、椭圆形、中空圆形和扇形线芯四种。

（4）结构

若用单根实心的金属材料制成电缆的线芯，线芯的柔软性就会很差而不能随意弯曲，截面越大弯曲越困难，这样必然给生产制造和电缆敷设施工带来难以克服的困难。经研究和实践证明，采用多股导线单丝绞合线作为线芯是最好的结构，这样的结构既能使电缆的柔软性大大增加，又可使弯曲时的曲度不集中在一处，而分布在每根单丝上，每根单丝的直径越小，弯曲时产生的弯曲应力也就越小，因而在允许弯曲半径内弯曲不会发生塑性变形，从而电缆的绝缘层也不致损坏。同时，弯曲时每根单丝间能够滑移，各层方向相反绞合（相邻层一层右向绞合，一层左向绞合），使得整个导体内外受到的拉力和压力分解，这就是采用多股导线绞合形式的线芯的原因。

（二）屏蔽层

1.作用

6 kV及以上的电缆一般都有导体屏蔽层和绝缘屏蔽层，也称为内屏蔽层和外屏蔽层。导体屏蔽层的作用是消除导体表面的不光滑（多股导线绞合会产生的尖端）所引起导体表面电场强度的增加，使绝缘层和电缆导体有较好的接触。同样，为了使绝缘层和金属护套有较好接触，一般在绝缘层外表面均包有外屏蔽层。

2.材料要求

油纸电缆的导体屏蔽材料一般用金属化纸带或半导电纸带。绝缘屏蔽层一般采用半导电纸带塑料、橡皮。绝缘电缆的导体或绝缘屏蔽材料分别为半导电塑料和半导电橡皮。对于无金属护套的塑料、橡胶电缆，在绝缘屏蔽外还包有屏蔽铜带或铜丝。

3.结构、种类

所谓金属化纸，就是在厚度为0.12 mm的电缆纸的一面，贴有厚度为0.014 mm的铝箔。所谓半导电纸，即在一般电缆纸浆中，掺入胶体碳粒所制成的纸，它的电阻率为$1\times10^{7}\sim1\times10^{9}\Omega\cdot m$。而半导电塑料、半导电橡皮，则要求电阻率在$1\times10^{8}\Omega\cdot m$以下，实际数据远小于这一数字。

（三）护层

1.作用

护层的作用是密封保护电缆免受外界杂质和水分的侵入，以及防止外力直接损坏电缆绝缘层，有些电缆的外护套还具有阻燃的作用，因此它的制造质量对电缆的使用寿命有很大的影响。

2.材料要求

护层材料的密封性和防腐性必须良好，并且有足够机械强度，适当考虑空气中敷设电缆外护套材料的阻燃性能。

3.结构、种类

一般电缆的护层是由内护套、内衬层、铠装层和外被层（或外护套）等几部分有选择地组合而成，充油电缆的护层必须有加强层为适应不同环境场合的需要。护层在制造时，可以采用这几个部分不同组合的结构，因此在实际使用中，应注意按不同的用途选择不同结构的护层。

第三节　电力电缆的选择

一、电缆型号的选择

对电缆型号的选择应首先考虑满足电力电缆敷设场合的技术要求，并在此基础上考虑

导体的材料，即兼顾国家电缆工业发展的技术政策：线芯以铝代铜、绝缘层以橡塑代油浸纸、金属护套以铝代铅，以及在外护层上发展橡塑护套或组合护套等。

（一）普通电力电缆型号的选择

普通电力电缆型号的选择，可根据实际场所拟定使用条件进行选择。

（二）高压电缆的选择

110 kV及以上电缆有自容式充油电缆、钢管充油电缆、充气电缆及塑料绝缘电缆。目前常用的为单芯自容式充油电缆。

二、按电力电缆导体截面选用电缆

电缆导体截面的选择需满足负荷电流、短路电流及短路时的热稳定等要求。其具体原则是：①为使电缆在运行时，导体温度不超过允许工作温度和短路温度，应根据电缆线路的负荷电流和短路电流在电缆的标称截面系列中选择电缆导体截面；②对输、配电电缆线路，主要按负荷（如恒定负荷、周期负荷）电流和电缆导体的长期允许工作温度选择其电缆导体截面，因此，应根据这两种负荷类型选取相应的导体截面。

（一）按电缆长期允许载流量选择电缆截面

为了保证电缆的使用寿命，运行中的电缆导体不应超过其规定的允许工作温度。

（二）按电缆短路时的热稳定性选择电缆截面

对于长电缆线路，除了按负荷电流选择截面外，还要校核负荷电流产生的电压降是否在允许范围内，如超出允许范围，则选择高一档的截面。若电缆线路的电压等级在3 kV及以上，除满足负荷电流外，还须校验其短路热稳定条件。

对于电压等级为0.6 kV/1 kV及以下的电缆，当采用低压断路器或熔断器作为网络的保护时，其电缆的热稳定性一般都能满足要求，可不必进行验算。而当电压等级在3.6 kV/6 kV及以上的电缆应验算短路热稳定性。

（三）根据经济电流密度选择电缆截面

一般在电缆线路最大负荷利用而长度又超过20 m时，则按经济电流密度来选择截面。事实上，按长期允许载流量选择电缆截面，只考虑了电缆的长期允许温度，若绝缘结构具有高的耐热等级，载流量就可以很高。但由于功率损耗与电流的平方成正比，如果以经济电流密度来选择电缆截面，就较为合理。

三、按绝缘种类选用电力电缆

（一）一般低压线路

380 V线路用电缆在一般场所多选用聚氯乙烯电缆。但聚氯乙烯电缆着火燃烧时会产生大量黑烟和氯化氢等强腐蚀性气体，故在火电厂、核电站、石油平台、高层建筑、公共场所和船舶上不宜采用，而应选择其他性能好的电缆，如耐阻燃型电缆（用于船舶的电缆则要选择船舶专用电缆）。

（二）中低压电力电缆线路

在6 ~ 35 kV中低压电力电缆线路中，国际上多数选用交联聚氯乙烯电缆，我国主要选用不滴流油浸纸电缆或交联聚氯乙烯电缆。由于乙丙橡胶电缆不但电性能和热性能都比较好，与交联聚氯乙烯电缆相似，而且柔软性、耐X射线辐照和抗水树枝性能好，因此，乙丙橡胶电缆适宜在矿井、水下和核电站内使用，其缺点是价格较昂贵和介质损耗因数较大。

（三）高压电力电缆线路

110 kV及以上电压等级的电缆，可根据具体情况选用自容式充油电缆或钢管充油电缆及交联聚氯乙烯电缆。交联聚氯乙烯电缆与充油电缆相比，虽不需要供油系统，但其电缆中间接头和电缆终端的制作安装技术复杂，施工安装现场要有净化措施，同时要求安装过程中始终保持非常洁净，没有潮气。此外，交联聚氯乙烯的体积膨胀系数大、压缩模量小等，由此带来的一些热机械性能问题尚须研究解决，因此一定要慎重选用。

四、按护层种类选用电力电缆

电缆护层是电缆基本结构中一个极其重要的组成部分，护层质量直接影响电缆绝缘性能和机械强度，决定着电缆的使用寿命，因此，电力电缆护套种类的选择应按下述要求选用：①明敷油浸纸绝缘电缆要选用裸钢带铠装；②在易受腐蚀的环境中或地下直埋敷设时要选用钢带外有外护套的电缆；③在水下敷设或电缆可能受到较大拉力时要选用钢丝铠装电缆；④有金属护套的电缆敷设在易振的场所时要选用铝护套电缆；⑤交联聚乙烯电缆敷设在水下，或者电压等级为63 k V及以上时，要选用有防水金属套的电缆；在水下敷设或受到较大拉力时也要选用钢丝铠装电缆。

第四节 电力电缆的材料及特性

一、电力电缆的导体材料

（一）导体材料的物理性能

电缆线芯的作用是输送电流为减小电缆线芯上的电压降和功率损耗，电缆线芯一般用具有高电导率的铜或铝制成。

铜作为电缆线芯具备许多优异的物理性能，如电导率大，机械强度高，工艺性好，容易加工，易于压延、拉丝和焊接，同时还耐腐蚀，是作为电缆线芯被最广泛采用的金属。材料铝是导电性能仅次于金、银、铜的导电材料，它的矿产资源比铜更为丰富，价格较低，因此也被广泛采用。

铝的机械性能与导电性能均比铜略差。但对于敷设安装后固定的电缆线路来说，导体在运行过程中一般并不承受很大的拉力，只要导体具有一定的柔软性和机械强度，易于生产制造和施工安装，就能满足作为电缆导体的基本要求。所以铜和铝这两种导体均能用来制作电缆线芯。

从导电性能看，铜在20℃时电阻率为$0.017\,24\times10^{-6}\,\Omega\cdot m$，铝的电阻率比铜大，为$0.026\,3\times10^{-6}\,\Omega\cdot m$，是铜的1.64倍。要使同样长度的铜线与铝线具有相同的电阻，铝线芯的截面积是铜线芯的1.64倍，直径是铜线的1.28倍。但由于铝的密度比铜小很多，即使截面积增大到1.64倍，铝线芯的重量也只有铜线芯的1/2。铝的电阻温度系数比铜的大，换言之，就是随着温度的升高，铝的通流能力比铜下降得快。

在城市中，电力通道越来越拥挤和珍贵，为了节省空间，主网中基本上只采用铜芯电力电缆。经过上述分析可知，由于铝的电阻率比铜大，在导电能力同等时铝线的直径较大，无形中增加了电缆绝缘材料与保护层材料的用量。另外，铝线质量比铜线轻一半，加上铝线的截面大，散热面积增加，实际上要达到同样的负载能力，铝线截面只须达到铜线的1.5倍就可以了，由于这些原因，铝芯电缆还有着足够的经济价值。

从安装运行来看，铜的性能比铝优越。铜线芯的连接容易操作，不论采用压接还是焊接，均容易满足运行要求。而铝线芯连接就比较困难，运行中的接头还容易因接触电阻增大而发热。

铜对于充油电缆的矿物油、油纸电缆的松香复合浸渍剂、橡皮电缆的硫化橡胶等有加速老化的作用。在此情况下，可使用表面镀锡的铜线芯，使铜不直接与这些物质接触，以降低老化速度。采用镀锡铜线提高了电缆的质量，也使线芯的焊接更加容易。

（二）导体材料电阻温度系数的计算

导体的电阻都会随着温度的升高而增加。所谓导体的温度系数是指单位温度（摄氏）电阻变化的绝对值与室温（20℃）时该导体电阻的比值。

二、电力电缆的绝缘材料

（一）电缆纸

电缆纸的基本成分是木质纤维素，它常用软木中的松杉料如黄柏、白松、红毛杉等木材制成。

它具有很高的稳定性，不溶于水、酒精等有机溶剂，同时也不与弱碱及氧化剂等起反应，因此，纯纤维素做成的纸经久耐用。纤维素纸具有毛细管结构，它的浸渍性远大于聚合薄膜，这是聚合物薄膜未能取代纤维素纸的主要原因。

纸具有很大的吸湿性，纸内含水量的大小对纸的电气性能影响很大。电缆纸中含水会大大降低其绝缘电阻和击穿场强，并使介质损耗增大。因此，浸渍纸绝缘电缆在浸渍前必须严格进行干燥，除去纸中的水分。由于水分会渗透到纸的微细孔中，所以干燥过程都在高度真空下进行。

（二）聚氯乙烯（PVC）

聚氯乙烯（PVC）塑料是以聚氯乙烯树脂为基础加入稳定剂、增塑剂、着色剂等物质按一定比例配合而成。由于其具有机械性能优越，耐化学腐蚀，不延燃，耐气候性好，有足够的电绝缘性能，容易加工，成本低等优点，因此被广泛用作电线电缆的绝缘和护套材料。

（三）聚乙烯（PE）

聚乙烯是由单体乙烯聚合而成的高聚物。乙烯是最简单的烯烃，常温常压下为无色可燃性气体，稍具烃类臭味，沸点为–103.8℃。由酒精脱水制备和由石油的热裂化制得是单体乙烯的两个来源。

聚乙烯分子中，分子结构对称，不含极性基团，因此具有优良的电绝缘性能。有如下几个特点：①介电常数和介质损耗角正切值很小，并且在很宽的范围内几乎不变，因此是很理想的高频绝缘材料。电缆绝缘的介电常数为2.3，电缆绝缘的介质损耗角正切值为0.000 1；②聚乙烯的分子量对电绝缘性能影响不大。③聚乙烯的体积电阻系数和击穿场强，在浸水7d后仍然变化不大，因此适合用于水下电气产品，如潜水电缆、海底电缆等。

三、电力电缆的屏蔽材料

油纸电缆的导体屏蔽材料一般用金属化纸带或半导电纸带。绝缘屏蔽层一般采用半导电纸带。

半导电纸有单色和双色两种。半导电纸是在纸纤维中掺入胶体碳粒所制成的纸。半导电纸的表面不应有皱纹、折痕及各种不同的斑点；纸面不应有穿孔、裂口和光线通过的小孔，以及肉眼可见的金属杂质微粒。金属化纸是用电缆纸做基材，用黏合剂黏合铝箔后形成的复合纸带，铝箔必须紧密地粘贴在电缆纸上，不应有脱胶和气泡存在，边缘应整齐，不应有锯齿形和倒刺现象。

塑料、橡皮绝缘电缆的导体或绝缘屏蔽材料分别为半导电塑料和半导电橡皮，其是在各自的基材中加入导电炭黑获得的，一般应采用细粒径、高结构的炭黑。当炭黑加到一定数量后才显出导电性能，这时电阻迅速降低，以后随用量增加电阻逐渐减小，并接近各种炭黑自己的特性值。

应注意交联聚乙烯半导电层呈空间网状结构，用砂纸打磨后，导电性能明显降低。可通过加热的方法使内层炭黑析出，恢复导电性能。

四、电力电缆的护层材料

（一）常用的金属护套

按照加工工艺不同，有热压（连铸连轧）金属护套和焊接金属护套两种。金属材料的选择主要从四个方面进行考虑，即容易加工，机械强度高；非磁性材料；较好的导电性，较低的电阻率；良好的化学稳定性。目前投入实际应用的有铅护套、铝护套、铜护套和不锈钢护套。其中，铅护套和铝护套是最常用的两种金属护套。

（二）铅护套及铅的主要物理性能

铅护套加工工艺主要采用热挤包。其厚度受电压等级、截面、载流量、系统接地电流、机械强度等的影响。

铅容易加工，化学稳定性好，耐腐蚀。缺点是机械强度较差，具有蠕变性和疲劳龟裂性。我国目前用作电缆金属护套的铅是合金铅，其成分是铅、锑、铜，含锑0.4% ~ 0.8%，含铜0.02% ~ 0.06%，其余为铅。经试验，在相同应力作用下，铅锑铜合金的耐振动疲劳次数约比纯铅大2.7倍。

（三）铝护套及铝的主要物理性能

铝护套加工工艺主要采用热压连铸连轧和氩弧焊接两种，其厚度也受电压等级、截面、载流量、系统接地电流、机械强度等的影响。110 kV电缆一般是2.0 ~ 2.3 mm；220 kV电缆一般是2.4 ~ 2.8 mm。

铝的蠕变性和疲劳龟裂性比铅合金要小得多，因此，铝护套电缆的外护套结构可以大大简化，直埋敷设时无须用铜带或不锈钢带铠装。缺点是铝比铅容易遭受腐蚀；搪铅工艺比铅护套电缆要复杂。

第五节　电力电缆的绝缘性能

一、电力电缆绝缘层中的电场分布

（一）单芯电缆绝缘层中电场的分布

任何导体在电压的作用下，均会在其周围产生一定的电场，其强度与电压的高低、电极的形式和电极间的介质等因素有关。在大多数情况下，电缆线芯和绝缘层表面具有均匀电场分布的屏蔽层，电缆的长度一般比它的直径大得多，边缘效应不予考虑。因此，单芯或分相屏蔽型圆形线芯电缆的电场均可看作同心圆柱体场。垂直于轴向的每个截面的电场分布均是一样的，由于截面为轴对称的缘故，这个平面电场分布仅与半径有关。

（二）多芯电缆绝缘层中电场的分布

多芯电缆绝缘层中电场的分布比较复杂，一般用模拟实验方法来确定，在此基础上再求近似最大电场强度。三芯电缆绝缘层中的电场可视为一平面场，外施三相平衡交流电压时，此电场为一随时间变化的旋转电场。由于三芯电缆电场的互相堆积作用，使电场的分布很不规则，当导体为圆形时，统包型电缆的最大电场强度在线芯中心连接线与线芯表面交点上。

（三）集肤效应和邻近效应

导线中流过交流电时，电流在导体截面上分布是不均匀的，越接近表面电流密度越大，这种电流比较集中地分布在导体表面的现象称为集肤效应。集肤效应增加了导体的电阻，减小了内电感。

由于导体之间电磁场的相互作用影响了导体中传导电流分布的现象称为邻近效应。当导体截面较大、相距很近或频率很高时，须考虑邻近效应。

对于电缆线路来说，集肤效应和邻近效应的存在将使电缆线芯的交流电阻（也叫有效电阻）增大，从而使电缆的允许载流量减小。集肤效应系数的大小主要与线芯的结构有

关，为了降低集肤效应，大截面电缆可采用分裂导体结构线芯；邻近效应系数的大小主要与线芯的直径和间距有关，为了降低邻近效应，可增加电缆间的距离，但必须结合电缆路径综合考虑。

二、电力电缆绝缘层厚度的确定

1.工艺上允许的最小厚度。根据工厂制造工艺的可能性，绝缘层肯定有一个最小厚度。1 kV及以下的电缆的绝缘厚度如果按电气计算结果是很小的，在工厂中无法生产，所以基本上是按工艺上规定的最小厚度来确定的。

2.电缆在制造和敷设安装过程中承受的机械力。电缆在制造和敷设安装过程中，要受到拉力、压力、扭力等机械力的作用。1 kV及以下的电缆，在确定绝缘厚度时，必须考虑其可能承受的各种机械力。同电压的较大截面低压电缆比较小截面低压电缆的厚度要大一些，原因就是前者所受的机械力比后者大；当满足了所承受的机械力的绝缘厚度，其绝缘击穿强度的安全裕度是足够的。

3.电缆绝缘材料的击穿强度。6 kV及以上电压等级的电缆，决定绝缘厚度的主要因素是所用绝缘材料的电气性能，特别是绝缘材料的击穿强度。

三、物理因子对电缆绝缘性能的影响

（一）油浸纸绝缘击穿机理

油浸纸绝缘电缆的外面有铅包或铝包金属护套，浸渍剂的体积膨胀系数为铅或铝金属固体材料的十几倍。随着电缆运行温度上升时，电缆各组成部分发生热膨胀。由于浸渍剂的膨胀系数较大，金属护套必然受到浸渍剂的膨胀压力而胀大，而当电缆温度下降时，浸渍剂会收缩，由于金属护套的塑性变形不可逆变，因此在金属护套内部的绝缘层中就会形成气隙。气隙一般分布在绝缘层的内层，靠近线芯表面，因为在电缆冷却时，热量首先从电缆绝缘最外层散出，这时绝缘内层温度相对较高，黏度较低的浸渍剂向外层流动来补偿外层浸渍剂的体积收缩，因此在绝缘外层形成气隙的可能性较小。当绝缘内层也开始冷却时，此时浸渍剂的黏度已经较高，流动性减小，浸渍剂由于体积收缩而得到补偿的机会也越小，越往线芯方向，则这种现象越严重。所以说，越靠近线芯形成气隙的可能性越大，而最终形成的气隙量也最大。

（二）交联聚乙烯绝缘击穿机理

经过大量的试验研究和数十年交联聚乙烯绝缘电缆的运行，都已经证明树枝老化是导致交联聚乙烯绝缘发生击穿的主要原因。树枝可以分为三种类型。

1.水树枝

这是交联聚乙烯绝缘最常见的一种树枝现象，它是在交联聚乙烯绝缘电缆进水受潮的情况下，由于电场和温度的作用而使绝缘内形成树枝状老化现象。水树枝现象在较低的电场作用下即可发生，其特点为树枝内凝聚有水分，树枝密集而且大多不连续。电场使水分不断迁移，树枝不断生长，最终导致电缆击穿。

2.电树枝

存在于导体表面的毛刺和突起、绝缘层中的杂质等形成绝缘层中电场分布畸变，场强高度集中引发局部放电，导致绝缘成树枝状老化现象。其特点为树枝内无水分，树枝连续和清晰。电树枝导致电缆击穿要比水树枝快得多。

3.电化树枝

交联聚乙烯电缆在长期运行过程中，周围的化学溶液渗入电缆内部，与金属发生化学反应并形成有腐蚀性的硫化物，最终在电场作用下伸入绝缘内而形成电化树枝。这种树枝与水树枝一样可以在较低的场强下产生。其特点为树枝呈棕褐色，分支少且较粗。

（三）温度对绝缘性能的影响

一般随着温度升高，电缆绝缘材料性能，如绝缘电阻、击穿场强等，均呈明显下降趋势。为防止电缆绝缘加速老化或发生热击穿，电缆的运行温度必须控制在绝缘材料所允许的最高工作温度以下。

（四）水分对绝缘性能的影响

电缆绝缘中含有水分，无论是油纸绝缘还是挤包绝缘，都会对绝缘性能产生不良影响。水分会使油纸绝缘的电气性能明显降低。含水率大，会使油纸绝缘击穿电压下降，会使电缆纸损耗角正切值增大，体积电阻率下降。电缆纸含水，其机械性能也有明显变化，抗拉断强度下降。水分的存在，还可使铜导体对电缆油的催化活性提高，从而加速绝缘油老化过程的氧化反应。

挤包绝缘中如果渗入了水分，在电场作用下会引发树枝状物质——水树枝。水树枝逐渐向绝缘内部伸展，导致挤包绝缘加速老化直至击穿。当导体表面含有水分时，由于温度较高的缘故，由此引发的水树枝对挤包绝缘产生的加速老化过程要更快些。

（五）气隙、杂质的影响

如果电缆绝缘中含有气隙，由于气隙的相对介电常数远小于电缆绝缘的相对介电常数，在工频电场的作用之下，气隙承受的电压降要远大于附近绝缘中的电压降，即承受较大的电场强度，而气隙的击穿强度比电缆绝缘的击穿强度小很多，就会造成气隙的击穿，

也就是局部放电。随着气隙的多次击穿，气隙会不断扩大，放电量逐渐增加，直至发生电击穿或热击穿而损坏电缆。

杂质的击穿强度比绝缘的击穿强度小得多，如果电缆中含有微量的杂质，在电场的作用下，杂质首先发生击穿，随着杂质的炭化和气化，会在绝缘中生成气隙，引发局部放电，最终导致电缆损坏。如果电缆中含有大量的杂质，在电场的作用下会直接导致电击穿而损坏电缆。

四、电力电缆局部放电及击穿机理

（一）局部放电及击穿机理

电力电缆绝缘中部分被击穿的电气放电，可以发生在导体附近，也可以发生在绝缘层中的其他地方，称为局部放电。由于局部放电的开始阶段能量小，它的放电并不立即引起绝缘击穿，电极之间尚未发生放电的完好绝缘仍可承受住设备的运行电压；但在长时间运行电压下，局部放电所引起的绝缘损坏继续发展，导致热击穿或电击穿，最终导致绝缘事故发生。

电力电缆绝缘内部由于各种原因，存在一些气隙、杂质突起和导体的毛刺等。这些气隙、杂质、内外屏蔽的突起、导体的毛刺等，就是发生局部放电的根源。

（二）电缆附件安装中容易引起局部放电的注意事项

1. 安装环境要保持清洁，防止灰尘等杂质落入电缆绝缘外表面或应力控制管和应力锥的内表面而引起局部放电。

2. 电缆绝缘表面的半导电颗粒要去除和擦拭干净，不能用擦拭过半导电层的清洁纸（布）擦拭绝缘表面，防止引入半导电杂质而引起局部放电。

3. 电缆绝缘表面要打磨光滑，不能出现小凹陷，在绝缘外表面与应力锥内表面之间出现气隙而引起局部放电。

4. 电缆绝缘外径与应力锥内径的过盈配合一定要符合要求，防止出现局部气隙而引起局部放电。

5. 连接管和端子压接等连接后的表面一定要打磨光滑，防止出现毛刺而引起局部放电。

6. 中间接头的连接管与屏蔽罩的等电位连接一定要可靠，防止松动而引起局部放电。

7. 高压及超高压电缆在安装附件前，加热调直一定要充分，防止以后的绝缘回缩产生空隙而引起局部放电。

五、电力电缆绝缘的老化和寿命

（一）绝缘老化和寿命的基本概念

绝缘材料的绝缘性能发生随时间不可逆下降的现象称为绝缘老化。绝缘老化主要表现在以下几方面：击穿场强降低、介质损失角正切值增大、机械强度或其他性能下降等。按产生绝缘老化的原因分类有电老化和化学老化，此外受潮、受污染等也会导致老化。

由于老化的逐步发生和发展，使绝缘性能逐步降低，当达到规定的容许范围之下，致使电缆绝缘不能继续承受电网运行电压、操作过电压或大气过电压，这一过程所需的时间称为电缆绝缘的寿命。绝缘材料性能随时间下降的曲线称为老化曲线或寿命曲线。

在正常运行情况下，油纸电缆绝缘的寿命一般为40年以上，交联聚乙烯电缆绝缘的寿命一般为30年以上。

（二）交流电压下电缆绝缘老化的主要原因

1.局部放电

如果绝缘中存在长期的局部放电，油纸绝缘浸渍剂及纸纤维分解，形成气体析出，产生高分子聚合物。局部放电能使交联聚乙烯绝缘内部空隙处逐步形成电树枝，并向纵深发展，直至发生绝缘电击穿或热击穿。

2.绝缘干枯

黏性浸渍纸绝缘电缆，在冷热循环作用下金属护套产生不可逆的塑性变形，在绝缘中产生空隙，使起始放电电压降低。当电缆线路垂直落差较大时，高端浸渍剂流失，绝缘干枯，加速绝缘老化，导致高端电缆容易击穿。

3.温度对老化的影响

在温度较高时，任何绝缘材料的绝缘电阻都会大幅降低，纸绝缘中纤维素生热分解，挤包绝缘在高温下也会加速老化作用。

4.电缆导体和金属护套与浸渍剂接触加速绝缘油老化

尤其是当浸渍剂中含有水分时，会使金属对绝缘油老化的催化作用加速。

六、直流电缆的绝缘性能

（一）直流电压作用下电缆绝缘特性

随着直流输电的发展，也出现了直流电缆，但目前投入使用的主要是黏性油浸纸电缆和充油电缆。在有些国家，110 kV交联聚乙烯直流电缆投入了试运行。

（二）直流电缆的特点

1. 直流电缆主要使用黏性油浸纸电缆和充油电缆。在直流电压下，电压分配合理，气隙承受场强较小，供直流输电的高压充油电缆击穿场强可达100 kV/mm，最大工作场强可选取30 ~ 45 kV/mm。

2. 直流电压下，没有集肤效应和邻近效应影响电缆的载流量，铠装层不产生损耗，绝缘层中的介质损耗也可忽略。

3. 直流电压下，须采取措施防止电缆周围的电蚀。

（三）一般不采用交联聚乙烯直流电缆的原因

1. 长期在直流电压作用下，交联聚乙烯绝缘内会逐步积累空间电荷和产生内部绝缘损伤的积累效应，绝缘性能因此有所下降。

2. 直流电缆在随着负荷的增加，最大场强可能出现在绝缘层表面。因此设计直流电缆，既要保证在空载时导体表面场强不超过允许值，又要保证在满载时绝缘层表面的场强不超过允许值。

第六节　电力电缆附件

一、电力电缆附件的作用及分类

电缆附件分为终端和中间接头两大类。电缆附件不同于其他工业产品，工厂不能提供完整的电缆附件产品，只是提供附件的材料、部件或组件，必须通过现场安装在电缆上以后才构成真正的、完整的电缆附件。因此，要保持运行中的电缆附件有良好的性能，不仅要求设计合理、材料性能良好、加工质量可靠，还要求现场安装工艺正确、操作认真仔细。这就不仅要求从事电缆附件工作人员了解掌握电缆附件的有关知识，而且要有相应的工艺标准来严格控制。

（一）电力电缆终端

1. 电缆终端的定义

安装在电缆末端，以使电缆与其他电气设备或架空输电导线相连接，并维持绝缘直至连接点的装置。

2. 电缆终端的作用

（1）均匀电缆末端电场分布，实现电应力的有效控制。

（2）通过接线端子、出现杆实现与架空线芯或其他电气设备的电气连接。110 k V及以上电压等级终端接线端子的内表面和出现杆的外表面需要镀银，减小接触电阻。

（3）通过终端的接地线实现电缆线路的接地。

（4）通过终端的密封处理实现电缆的密封，免受潮气等外部环境的影响。

3.电缆终端分类

（1）电缆终端按照使用场所可分为户内终端、户外终端、GIS终端和变压器终端。户内终端由于处于室内，自然界对其影响小，故可选用简单一些的型式，使制作成本降低。

（2）终端按其不同特性的材料分以下几种：

①绕包式。这是一种较早应用的方式，用带状的绝缘包绕电缆应力锥，油纸绝缘电缆的内绝缘常以电缆油或绝缘胶作为主要绝缘并填充终端内气隙。电缆终端外绝缘设计，不仅要求满足电气距离的要求，还要考虑气候环境的影响。

②浇注式。用液体或加热后呈液态的绝缘材料作为终端的主绝缘，浇注在现场装配好的壳体内，一般用于10 kV及以下的油纸电缆终端中。

③模塑式。用辐照聚乙烯或化学交联带，在现场绕包于处理好的交联电缆上。然后套上模具加热或同时再加压，从而使加强绝缘和电缆的本体绝缘形成一体，一般用于35 kV及以下交联电缆的终端上。日本在500 kV交联聚乙烯电缆上也有应用，但操作工艺复杂，工期很长，影响了实际应用。

④热（收）缩式。用高分子材料加工成绝缘管、应力管、伞裙等，在现场经装配加热能紧缩在电缆绝缘线芯上的终端，主要用于35 kV及以下塑料绝缘电缆线路中。

⑤冷（收）缩式。用乙丙橡胶、硅橡胶加工成管材，经扩张后，内壁用螺旋型尼龙条支撑，安装时只须将管子套上电缆芯，拉去支撑尼龙条，靠橡胶的收缩特性，管子就紧缩在电缆芯上。一般用于35 kV及以下塑料绝缘电缆线路中，特别适用于严禁明火的场所，如矿井、化工及炼油厂等。

⑥预制式。用乙丙橡胶、硅橡胶或三元乙丙橡胶制作的成套模压件。其中包括应力锥、绝缘套管及接地屏蔽层等各部件，现场只须将电缆绝缘做简单的剥切后，即可进行装配。可做成户内、户外或直角终端，用在35 kV及以下的塑料绝缘的电缆线路中。

现在电缆线路中应用最多的是热缩式、冷缩式和预制式三种类型的终端。

（二）电力电缆中间接头

1.中间接头的定义

中间接头是连接电缆与电缆的导体、绝缘、屏蔽层和保护层，以使电缆线路连续的装置。

2. 中间接头的作用

（1）电应力的控制。在电缆中间接头里，除了要控制电缆屏蔽切断处的电应力分布以外，还要解决线芯的绝缘割断处应力集中的问题。两端电缆外屏蔽切断处电应力的控制与电缆终端头有相同的要求。

（2）实现电缆与电缆之间的电气连接。

（3）实现电缆的接地或接头两侧电缆金属护套的交叉互联。

（4）通过中间接头的密封实现电缆的密封。

3. 中间接头分类

（1）中间接头按照用途不同可以分为7种。

①直通接头。连接两根电缆形成连续电路。

②绝缘接头。将导体连通，而将电缆的金属护套、接地屏蔽层和绝缘屏蔽在电气上断开，以利于接地屏蔽或金属护套进行交叉互联，降低金属护套感应电压，减小环流。

③塞止接头。将充油电缆线路的油道分隔成两段供油。

④分支接头。将支线电缆连接至干线电缆或将干线电缆分成支线电缆。

⑤过渡接头。连接两种不同类型绝缘材料或不同导体截面的电缆。

⑥转换接头。连接不同芯数电缆。

⑦软接头。接头制成后允许弯曲呈弧形状，主要用于水底电缆。

在电力工程中使用最多的是直通接头和绝缘接头。

（2）中间接头按其不同特性的材料也分为绕包式、浇注式、模塑式、热（收）缩式、冷（收）缩式、预制式等6种类型。其中预制式有整体预制式和组装预制式，整体预制式主要部件是橡胶预制件，预制件内径与电缆绝缘外径要求过盈配合，以确保界面间维持足够压力；组装预制式以预制橡胶应力锥及预制环氧绝缘件在现场组装并采用弹簧机械紧压。

现在电缆线路中应用最多的是热缩式、冷缩式和预制式三种类型的中间接头。

（三）对电缆附件的技术要求

1. 电缆附件的基本技术要求

一般电缆线路的故障大部分发生在电缆的附件上，电缆的附件无论从理论上或实际中都证实是电缆线路的薄弱环节，因此电缆附件的质量直接关系到电缆线路的运行安全。电缆的接头必须满足以下一些技术要求。

（1）导电性能良好

电缆与电缆之间或与其他电气设备连接时，导电性能的连续性发生了变化。为保证不减少电缆的输送电能，要求连接处的电阻与同长度、同截面、同材料导体的电阻相同（在实际施工中是较难达到的），运行后连接处的电阻应小于同长度、同截面和同材料导体电阻的1.2倍。

（2）机械强度良好

电缆与电缆之间或与其他电气设备连接时，电缆的机械强度也发生了变化。为了保证电缆有足够的机械强度，要求连接处的抗拉强度不低于导体本身的60%，并具有一定的耐振动性能。

（3）绝缘性能良好

电缆与电缆之间或与其他电气设备连接时，连接处必须去除电缆的绝缘，一般都须加大连接点的截面和距离等，从而使接头内部的电场分布发生不均匀现象。因此在接头内部不但要恢复绝缘，并且要求接头的绝缘强度不低于电缆本体。

（4）密封性能良好

电缆与电缆之间或与其他电气设备连接时，连接处电缆的密封被破坏。为了防止外界的水分和杂物的侵入，防止电缆或接头内的绝缘剂流失，电缆附件均应达到可靠的密封性能要求。

2.密封处理

电缆接头的增绕绝缘及电场的处理是接头成败的关键。但接头密封工艺的质量往往直接牵涉到电缆接头能否正常安全运行，必须重视密封处理这一环节，在设计和安装上应予以充分考虑。

（1）油纸电缆密封

对于油浸纸绝缘电缆，因其绝缘外有金属护套（铅或铝包），因此都采用铅封工艺来进行附件的密封处理。铅封要求与电缆本体铅（铝）包及接头套管或终端法兰紧密连接，使其达到与电缆本体有相同的密封性能和机械强度。另外，在铅封过程中又不能因温度过高、时间过长而烧伤电缆本体内部绝缘。

高压、超高压充油电缆接头和终端在运行中往往要承受一定的压力，所以铅封要求较高，一般应分两次进行，内层为起密封作用的底铅，外层为起机械保护作用的外铅。高压、超高压电缆在运行中对护层绝缘要求较高，所以在接头铜盒外要加灌沥青绝缘胶，同时也起一定的密封作用。

（2）塑料电缆密封

对于塑料电缆绝缘外有密封防水金属护套的高压、超高压电缆附件，常采用与充油电缆相同的铅封来进行密封；对于塑料电缆绝缘外无密封防水金属护套的中、低压电缆附件，则通常用一些防水带材及防水密封胶来进行电缆附件密封。我们前面已经分析过，水分的侵入会在塑料电缆绝缘表面形成水树枝现象，从而会大大加速其绝缘的老化，所以说塑料电缆的密封要求是很高的。

3. 电晕及限制电晕放电的方法

（1）电晕放电现象的一般描述

在极不均匀电场中，最大场强与平均场强相差很大，以致当外加电压及其平均场强还较低时，电极曲率半径较小处附近的局部场强已很大。在这局部场强区中，产生强烈的游离，但由于离电极稍远处场强已大为减小，所以，此游离区不可能扩展到很大，只能局限在电极附近的局部场强范围内，伴随着游离而存在的复合与反激励，发生大量的光辐射，在黑暗中可以看到在该电极附近空间发生蓝色的晕光，这就是电晕，这个晕光层就叫电晕层。当电晕放电达到一定程度后，就会导致沿面闪络。

（2）限制电晕方法

运行中的电缆终端瓷套管表面、安装在湿度较大地方的户内电缆终端（如老式干封头）、环氧树脂头及新型各类热缩头三芯分叉处的电缆尾线引出的部位、安装在废气污染较严重地方的户外终端尾线及出线夹具、油纸电缆接头铅包端口、塑料电缆接头铜屏蔽及半导电体切断部位等地方很容易出现电晕。所以在电缆终端、接头绝缘设计和安装运行环境方面要充分考虑到电晕放电的现象，根据电晕放电的一些特征，我们常常采用一些必要的方法来改善电场，限制电晕的发生。

二、各种终端和中间接头的形式

（一）电力电缆终端

1. 中低压电缆终端

我国35 kV及以下电缆终端和中间接头的制造是从20世纪60年代初开始定点生产的。70年代以前主要生产的是油浸纸绝缘电缆终端及金具。80年代开始生产挤包绝缘电缆用绕包式终端的带材以及热收缩电缆终端。90年代初，开始生产预制式电缆终端，随后开始生产冷收缩电缆终端。目前，国外普遍使用的35 kV及以下电缆的各种电缆终端，我国基本上都已能生产制造并且广泛使用。

现在使用的中低压电缆终端主要分为户内终端和户外终端。户内终端还可分为普通户内终端和设备终端（固定式和可分离式两类）。

户内终端：安装在室内环境下使电缆与供用电设备相连接在既不受阳光直接辐射，又不暴露在大气环境下使用的终端。

户外终端：安装在室外环境下使电缆与架空线或其他室外电气设备相连接在受阳光直接辐射，或暴露在大气环境下使用的终端。

设备终端（固定式和可分离式两类）：电缆直接与电气设备相连接，高压导电金属处于全绝缘状态而不暴露在空气中。

（1）热收缩型电缆终端

①应用范围。热收缩型电缆终端是以聚合物为基本材料而制成的所需要的型材，经过交联工艺，使聚合物的线性分子变成网状结构的体形分子，经加热扩张至规定尺寸，再加热能自行收缩到预定尺寸的电缆终端。

②挤包绝缘电缆热收缩型终端的组成部件主要有：

a.热收缩绝缘管（简称绝缘管）。作为电气绝缘用的管形热收缩部件。

b.热收缩半导电管（简称半导电管）。体积电阻系数为1 ～ 10 Ω·m的管形热收缩部件。

c.热收缩应力控制管（简称应力管）。具有相应要求的介电系数和体积电阻系数、能均匀电缆端部和接头处电场集中的管形热收缩部件。

d.热收缩耐油管（简称耐油管）。对使用中长期接触的油类具有良好耐受能力的管形热收缩部件。

e.热收缩护套管（简称护套管）作为密封，并具有一定的机械保护作用的管形热收缩部件。

f.热收缩相色管（简称相色管）。作为电缆线芯相位标志的管形热收缩部件。

g.热收缩分支套（简称分支套）。作为多芯电缆线芯分开处密封保护用的分支形热收缩部件，其中以半导电材料制作的称为热收缩半导电分支套（简称半导电分支套）。

h.热收缩雨裙（简称雨裙）。用于电缆户外终端，增加泄漏距离和湿闪络距离的伞形热收缩部件。

i.热熔胶。为加热熔化黏合的胶粘材料，与热收缩部件配用，以保证加热收缩后界面紧密黏合，起到密封、防漏和防潮作用的胶状物。

j.填充胶。与热收缩部件配用，填充收缩后界面结合处空隙部的胶状物。

上述各种类型的热收缩部件，在制造厂内已经通过加热扩张成所需要的形状和尺寸并经冷却定型，使用时经加热可以迅速地收缩到扩张前的尺寸，加热收缩后的热收缩部件可紧密地包敷在各种部件上，组装成各种类型的热收缩电缆终端。

③一般技术要求。热收缩电缆终端是用热收缩材料代替瓷套和壳体，以具有特征参数的热收缩管改善电缆终端的电场分布，以软质弹性胶填充内部空隙，用热熔胶进行密封，从而获得了体积小、重量轻、安装方便、性能优良的热收缩电缆终端。

所有热收缩部件表面应无材质和工艺不良引起的斑痕和凹坑，热收缩部件内壁应根据电缆终端的具体要求确定是否需涂热熔胶。凡涂热熔胶的热收缩部件，要求胶层均匀，且在规定的贮存条件和运输条件下，胶层应不流淌，不相互粘搭，在加热收缩后不会产生气隙。热收缩管形部件的壁厚不均匀度应不大于30%。

热收缩管形部件收缩前与在非限制条件下收缩（即自由收缩）后纵向变化率应不大

于5%，径向收缩率应不小于50%。热收缩部件在限制性收缩时不得有裂纹或开裂现象，在规定的耐受电压方式下不击穿。热收缩部件的收缩温度应为120 ~ 140℃。填充胶应是带材型，填充胶带应采用与其不黏结的材料隔开，以便于操作。在规定的贮存条件下，填充胶应不流淌、不脆裂。热收缩部件和热熔胶、填充胶的允许贮存期，在环境温度不高于35℃时，应不少于24个月。在贮存期内，应保证其性能符合技术要求规定。户外终端所用的外绝缘材料应具有耐大气老化及耐漏电和耐电蚀性能。

（2）冷收缩型电缆终端

通常是用弹性较好的橡胶材料（常用的有硅橡胶和乙丙橡胶）在工厂内注射成各种电缆终端的部件并硫化成型。之后，再将内径扩张并衬以螺旋状的尼龙支撑条以保持扩张后的内径。

现场安装时，将这些预扩张件套在经过处理后的电缆末端，抽出螺旋状的尼龙支撑条，橡胶件就会收缩紧压在电缆绝缘上。由于它是在常温下靠弹性回缩力，而不是像热收缩电缆终端要用火加热收缩，故称为冷收缩型电缆终端。

①组成部件

a.终端主体采用带内、外半导电屏蔽层和应力控制为一体的冷收缩绝缘件。

b.绝缘管。

c.半导电白粘带。

d.分支手套。

②冷收缩型电缆终端具有以下特点：

a.冷收缩型电缆终端采用硅橡胶或乙丙橡胶材料制成，抗电晕及耐腐蚀性能强，电性能优良，使用寿命长。

b.安装工艺简单安装时，无需专用工具，无须用火加热。

c.冷收缩型电缆终端产品的通用范围宽，一种规格可适用多种电缆线径。因此，冷收缩型电缆终端产品的规格较少，容易选择和管理。

d.与热收缩型电缆终端相比，除了它在安装时可以不用火加热从而更适用于不宜引入火种场所安装外，在安装以后挪动或弯曲时也不会像热收缩型电缆终端那样容易在终端内部层间出现脱开的危险。这是因为冷收缩型电缆终端是靠橡胶材料的弹性压紧力紧密贴附在电缆本体上，可以适从于电缆本体适当的变动。

e.与预制型电缆终端相比，虽然两者都是靠橡胶材料的弹性压紧力来保证内部界面特性，但是冷收缩型电缆终端不需要像预制型电缆终端那样与电缆截面一一对应，规格比预制型电缆终端少。另外，在安装到电缆上之前，预制型电缆终端的部件是没有张力的，而冷收缩型电缆终端是处于高张力状态下，因此必须保证在贮存期内，冷收缩型部件不能有明显的永久变形或弹性应力松弛，否则安装在电缆上以后不能保证有足够的弹性反紧力，从而不能保证良好的界面特性。

（3）预制型电缆终端

又称预制件装配式电缆终端。经过多年的发展，预制型终端已经成为国内外使用最普遍的电缆终端之一。预制型终端不仅在中低电压等级中普遍使用，在高压和超高压电压等级中也已逐渐成为主导产品。预制型电缆终端与冷缩型电缆终端在结构上是一样的。

①应用范围。预制型电缆终端是将电缆终端的绝缘体、内屏蔽和外屏蔽在工厂里预先制作成一个完整的预制件的电缆终端。预制件通常采用三元乙丙橡胶（EPDM）或硅橡胶（SIR）制造，将混炼好的橡胶料用注橡机注射入模具内，而后在高温、高压或常温、高压下硫化成型。因此，预制型电缆终端在现场安装时，只须将橡胶预制件套入电缆绝缘上即可。

②组成

a.终端主体采用内、外半导电屏蔽层和应力控制为一体的预制橡胶绝缘件。

b.绝缘管用于户内、外终端，为热缩或冷缩型。

c.半导电自粘带。

d.分支手套，用于户内外终端，为热缩或冷缩型。

e.肘形绝缘套，为预制橡胶绝缘件。

③特点。鉴于硅橡胶的综合性能优良，在35 kV及以下电压等级中，绝大部分的预制型终端都是采用硅橡胶制造。这类终端具有体积小、性能可靠、安装方便、使用寿命长等特点。所有橡胶预制件内外表面应光滑，不应有肉眼可见的瘢痕、突起、凹坑和裂纹。

这种电缆终端采用经过精确设计计算的应力锥控制电场分布，并在制造厂用精密的橡胶加工设备一次注橡成型。因此，它的形状和尺寸得到最大限度的保证，产品质量稳定，性能可靠，现场安装十分方便。与绕包型、热缩型等现场制作成型的电缆终端比较，安装质量更容易保证，对现场施工条件、接头工作人员作业水平等的要求较低。

硅橡胶的主链是由硅-氧（Si-0）键组成的，它是目前工业规模生产的大分子主链不含碳原子的一类橡胶，具有无机材料的特征，抗漏电性能好，耐电晕、耐电蚀性能好。

硅橡胶的耐热、耐寒性能优越，在-80 ~ 250℃的宽广的使用范围内电性能、物理性能、机械性能稳定；其次硅橡胶还具有良好的憎水性，水分在其表面不形成水膜而是聚集成珠，且吸水性小于0.015%，同时其憎水性对表面灰尘具有迁移性，因此抗湿闪、抗污闪性能好；另外硅橡胶的抗紫外线、抗老化性能好。因此硅橡胶预制型终端能运用于各种恶劣环境中，如极端温度环境、潮湿环境、沿海盐雾环境、严重污染环境等。

硅橡胶的弹性好。电缆与电缆终端的界面结合紧密可靠，不会因为热胀冷缩而使界面分离形成空隙或气泡。与热缩型电缆终端比较，由于热缩材料没有弹性，靠热熔胶与电缆绝缘表面黏合，运行时随着负荷变化而产生的热胀冷缩会使电缆与电缆终端的界面分离而

产生空隙或气泡，导致内爬电击穿。此外，热缩终端安装后如果电缆揉动、弯曲，可能造成各热缩部件脱开，形成层隙而引起局部放电的问题，预制型终端安装后完全可以揉动、弯曲，而几乎不影响其界面特性。

硅橡胶的导热性能好，其导热系数是一般橡胶的两倍。众所周知，在电缆终端内有两大热源，其一是导体电阻（包括导体连接的接触电阻）损耗，其二是绝缘材料的介损，它们将影响终端的安全运行和使用寿命。硅橡胶良好的导热性能有利于电缆终端散热和提高载流量，减弱热场造成的不利影响。

2. 110 kV及以上电压等级的电缆终端

110 kV及以上交联电缆终端的主要品种包括户内终端、户外终端、GIS终端和变压器终端。户内终端和户外终端可统称为空气终端。交联聚乙烯电缆终端主要型式为预制橡胶应力锥终端，更高电压等级的交联电缆终端采用硅油浸渍薄膜电容锥终端（简称电容锥终端）。

预制橡胶应力锥终端是国内使用的高压交联电缆附件的主要形式：

（1）空气终端

适用范围：交联聚乙烯绝缘电缆空气终端适用于户内、外环境，户外终端外绝缘污秽等级分4级，分别以1、2、3、4数字表示。

空气终端按外绝缘类型来说，主要分为瓷套管空气终端、复合套管空气终端、柔性空气终端。

（2）GIS终端和变压器终端

GIS终端和变压器终端在结构上是基本相同的。分为填充绝缘剂式和全干式，填充绝缘剂式分为绝缘油和SF_6气体。当填充绝缘油时可以外挂油罐，也可以不挂，挂油罐的好处是可以随时观察绝缘剂的情况，当填充SF_6气体时，可以与GIS仓或变压器仓向连通。终端外绝缘SF_6最低气压为0.25MPa（表压，对应20℃温度），通常为0.4 MPa。变压器终端也可以运行于变压器仓的变压器油中。

终端还可以分为普通终端、插拔式终端。所谓普通终端是指整个终端制作安装完成以后，再整体穿入GIS仓或变压器仓。所谓插拔式终端是指先把环氧套管穿入GIS仓或变压器仓，再把准备好的电缆等穿入环氧套管，这样做的好处是电缆终端安装与电气设备安装可以各自独立进行，互不影响，有利于保证工程工期。

（二）电力电缆中间接头

1. 中、低压电缆中间接头

（1）热缩中间接头的组成部件

①热收缩绝缘管（简称绝缘管）。作为电气绝缘用的管形热收缩部件。

②热收缩半导电管（简称半导电管）。体积电阻系数为1 ~ 10 Ω·m的管形热收缩部件。

③热收缩应力控制管（简称应力管）。具有相应要求的介电系数和体积电阻系数，能均匀中间接头电场集中的管形热收缩部件。

④热收缩耐油管（简称耐油管）。对使用中长期接触的油类具有良好耐受能力的管形热收缩部件。

⑤热收缩护套管（简称护套管）。作为密封，并具有一定的机械保护作用的管形热收缩部件。

⑥热熔胶。为加热熔化黏合的胶粘材料，与热收缩部件配用，以保证加热收缩后界面紧密黏合，起到密封、防漏和防潮作用的胶状物。

⑦填充胶。与热收缩部件配用，填充收缩后界面结合处空隙部的胶状物。

（2）冷缩中间接头的组成部件

①接头主体。采用内、外半导电屏蔽层和应力控制为一体的冷收缩绝缘件。

②绝缘管。

③半导电自粘带。

（3）预制中间接头组成部分

①终端主体，采用带内、外半导电屏蔽层和应力控制为一体的预制橡胶绝缘件。

②热缩或冷缩型绝缘管或绝缘带。

③半导电自粘带。

2. 110 kV及以上电压等级的中间接头

110 kV及以上交联电缆中间接头，按照它的功能，以将电缆金属护套、接地屏蔽和绝缘屏蔽在电气上断开或连通分为两种中间接头。电气上断开的称为绝缘接头，电气上连通的称为直通接头。

无论是绝缘接头或直通接头，按照它的绝缘结构区分，有绕包型接头、包带模塑型接头、挤塑模塑型接头、预制型接头等类型。

目前在电缆线路上应用最广泛的是预制型中间接头。110 kV及以上交联电缆的预制型中间接头用得较多的有两种结构。

（1）组装式预制型中间接头

它是由一个以工厂浇铸成型的环氧树脂作为中间接头，中段绝缘和两端以弹簧压紧的橡胶预制应力锥组成的中间接头。两侧应力锥靠弹簧支撑。接头内无需充气或填充绝缘剂。这种中间接头的主要绝缘都是在工厂内预制的，现场安装主要是组装工作。与绕包型和模塑型中间接头比较，对安装工艺的依赖性相对减少了些。但是由于在结构中采用多种不同材料制成的组件，所以有大量界面，这种界面通常是绝缘上的弱点，因此现场安装工

作的难度也较高。由于中间接头绝缘由二段组成，因此在出厂时无法进行整体绝缘的出厂试验。

（2）整体预制型中间接头

整体预制型中间接头是将中间接头的半导电内屏蔽、主绝缘、应力锥和半导电外屏蔽在制造厂内预制成一个整体的中间接头预制件。与上述组装式预制型中间接头比较，它的材料是单一的橡胶，因此不存在上述由于大量界面引起的麻烦现场安装时，只要将整体的中间接头预制件套在电缆绝缘上即成安装过程中，中间接头预制件和电缆绝缘的界面暴露的时间短，接头工艺简单，安装时间也缩短。由于接头绝缘是一个整体的预制件，接头绝缘可以做出厂试验来检验制造质量。这种接头是由欧美电缆制造厂商开发的，比较受用户欢迎，在我国已普遍使用，根据中间接头主体（应力锥）安装方式的不同，可以分为套入式，现场扩张式和工厂扩张（冷缩）式。

整体预制中间接头的组成部件：绝缘接头和直通接头的组成部件是基本相同的，主要区别在于绝缘接头的预制件的外屏蔽是断开的，有一个绝缘隔断，两侧铜保护壳之间装有绝缘子或绝缘衬垫，而直通接头没有。主要组成部件有：①连接管和屏蔽罩。②预制件。③铜保护壳。④绝缘子或绝缘衬垫（绝缘接头）。⑤可固化绝缘填充剂。⑥玻璃钢保护外壳（直埋电缆）。⑦接地编织带。⑧各种带材。⑨铅封或环氧树脂密封料。

第二章　电力电缆的基本组成

第一节　导电线芯

一、线芯材料

电力电缆线芯的作用是传送电流，线芯的损耗主要由导体截面和材料的电导系数来决定。为了减小电缆线芯的损耗，电缆线芯一般由具有高电导系数的铜或铝制成。

铜作为电力电缆的线芯，具有许多技术上的优点，如电导系数大，机械强度相当高，加工性好（易于压延、拉伸、焊接等），耐腐蚀等，它是被采用最广泛的电缆线芯材料。值得注意的是，铜对于某些浸渍剂（如矿物油、松香复合浸渍剂等）、硫化橡皮等有促进其老化的作用。在此情况下，一般可采取在铜线表面镀锡，使铜不与绝缘层直接接触，以降低老化速度。

铜经过压延、拉伸、绞合、镀锡工艺后，由于金属结晶的变化，其导电系数、伸长率均下降；而抗张强度、屈服强度和弹性增加。相反，韧炼工艺使其电导系数、伸长率增加，抗张强度下降。

铝的体积电导系数仅次于银、铜和金，是地壳中最多的元素之一，仅排于硅和氧之后，其重量占地壳的8%。由于铜的资源匮缺，铝愈来愈多地作为导电材料来取代铜。

铝线与铜线的制造工艺相似，所不同的是铝线的韧炼温度不是400 ~ 600℃，而是300 ~ 350℃。韧炼后的铝线，柔软性提高，抗张强度下降。因此，铝芯电缆不宜承受大的张力，多用于固定敷设的电力电缆线芯。

二、线芯结构方式

为了增加电缆的柔软性或可曲度，较大截面的电缆线芯由多根较小直径的导线绞合而成。由多根导线绞合的线芯柔软性好，可曲度大，是因为单根金属导线沿某一半径弯曲时，其中心线外部受拉伸，而中心线内部受压缩。如线芯是由多根导线平行放置而组成，由于导线之间可以滑动，因此，它比相同截面单根导线做相同弯曲时要省力得多。为了保证线芯结构形状的稳定性和减小线芯弯曲时每根导线的变形，多根导线组成的线芯均须绞合而成。

平行导线弯曲再恢复平直时，由于导线的塑性变形可能在线芯表面产生凸出部分，使电缆绝缘层中电场分布产生畸变，并损伤电缆绝缘。在绞合的电缆线芯结构中，由于线芯中心线内、外两部分可以互相移动补偿，弯曲时不会引起导线的塑性变形，因此线芯的柔软性和稳定性大大提高，绞合节距越小，线芯的柔软性和稳定性越高。另外，绞合导线与大截面单根导线不同，弯曲是较平滑地分配在一段线芯上，因而弯曲时不易损伤电缆绝缘。

不同的电缆应用场合，对电缆线芯的可曲度要求也不同。可曲度要求较高的是移动式电缆，这些电缆多采用橡皮或塑料作为绝缘材料。油浸纸绝缘电力电缆的可曲度较低，这是因为油浸纸绝缘电力电缆的可曲度主要由护层结构来决定，线芯对电缆的可曲度影响较小，一般只要求线芯在生产制造、安装敷设过程中不致损伤绝缘即可。

一般地，电缆线芯的绞合形式可分为两大类，即规则绞合和不规则绞合。

（一）规则绞合

导线有规则、同心且相邻各层依不同方向的绞合称为规则绞合。规则绞合还可进一步分为正常规则绞合和非正常规则绞合，前者系指所有组成导线的直径均相同，而后者系指层与层间的导线直径不尽相同的规则绞合。另外，规则绞合还有简单和复合之分，后者系指组成规则绞合的导线不是单根的，而是由更细的导线按规则绞合组成股，再绞合成线芯。这种结构使线芯柔软性更好，常见于移动式橡皮绝缘电缆，一般的电力电缆则是简单正常规则绞合最为常见。因此，若无特别说明，规则绞合一般均指简单正常规则绞合。

（二）不规则绞合

指所有组成导线都依同一方向绞合，又称束绞。虽然束绞工艺简单，成本低，线芯填充系数较高，相同截面积外径较小，可曲度又高，但因其结构稳定性较差，所以电力电缆一般不采用束绞，而绝缘软线或电压等级较低的橡皮绝缘电缆中却多采用束绞。

把线芯导体实际面积与线芯轮廓面积之比定义为线芯的填充系数。规则绞合线芯的填充系数不仅与线芯单线层数有关，而且与线芯中心导线根数有关。中心导线是一根时，绞合线芯的填充系数随层数的增加而减少，而中心导线根数为2 ~ 5根的线芯填充系数随层数的增加而增加，但其绝对值比中心导线根数为1的小。从提高线芯填充系数和稳固性考虑，中心为一根导线的规则绞合结构最好，因此电力电缆一般均采用中心为一根导线的规则绞合结构。

为了提高电缆线芯填充系数，节约材料，降低成本，很多电缆线芯均采用紧压线芯结构。线芯经过紧压后，每根导线不再是圆形，而是呈不规则形状，原来的空隙部分被导线变形而填充。

三、线芯几何结构

电力电缆的线芯按其外形可分为圆形线芯、中空圆形线芯、扇形线芯、弓形线芯等几种。

圆形线芯：由于其结构稳定，工艺性好，线芯表面曲率平均，35 kV以上的高压电缆均采用圆形线芯。对于橡塑绝缘电力电缆一般在3 kV以上也都采用圆形线芯。

中空圆形线芯：这种线芯主要用于充油或充气电缆的线芯。我国中空线芯主要有两种结构：其一是用镀锡硬铜带做成螺旋支撑，支撑的直径由所需的油道或气道直径的大小来确定（一般为12mm），在支撑外面有规则地、同心地绞合镀锡导线；其二是由型线绞合而成，内层为Z型线，其余各层均为弓形线绞合。这两种线芯各有优点，型线构成的中空线芯结构稳定，油（气）道内表面光滑而不易阻塞，但螺旋支撑结构的柔软性和工艺性较好。

对于大截面导电线芯，为了减小集肤效应，有时采用四分割、五分割等分割线芯。

扇形线芯：扇形线芯表面曲率半径不均等，在线芯的边角处曲率半径较小，该处电场比较集中。因此，在10 kV以上的电力电缆中很少采用扇形线芯（分割导体除外）。我国10 kV及以下电压等级的油浸纸绝缘电力电缆和1 kV以下的塑料电缆，由于扇形线芯电缆的结构紧凑，而且生产成本较低，故常采用扇形线芯。

弓形线芯：弓形线芯适用于双芯电缆。该结构的特点是结构紧凑，电缆外形尺寸小，节省材料消耗，电缆成本低。

第二节　绝缘层

一、绝缘纸

电缆用绝缘纸（简称电缆纸）的主要成分是纤维素。纤维素是高分子碳氢化合物。纤维素具有很高的稳定性，不溶于水、酒精、醚、萘等有机溶剂，并且也不与弱碱及氧化剂等起反应。因此，纯纤维素做成的纸经久耐用。另外，纤维素具有毛细管结构，它的浸渍性远大于聚合物薄膜，这也是目前聚合物薄膜未能取代纤维素纸的主要原因。

电缆纸一般应由瘦长纤维纸浆抄成，即纤维长度与其本身直径之比越大越好。短纤维纸的机械强度是由纤维间相互黏合力所决定的，而长纤维纸中的纤维不仅具有黏合力，还可以相互组编，因此其机械强度较大。

为了提高电缆纸的电气性能，常采用轧光纸。电缆纸经过轧光后，密度可由原来的0.7 ~ 0.8g/cm^{3}达到1.1 ~ 1.2g/cm^3，纤维素的含量可由原来的50%提高到80%，由于电缆

纸密度和纤维素的含量增大，使其击穿电压和耐电强度均有很大的提高。

电缆纸具有很大的吸湿性。纸内含水量的大小对纸的机械性能和电气性能的影响十分显著。当含水量增大时，拉断强度首先上升，然后急剧下降；伸长率随含水量的增大略为上升；耐折次数随含水量的增大而迅速升高。技术条件中规定纸中含水量为8%左右，主要是保证电缆纸在储存、运输过程中具有一定的机械强度。随着电缆纸中含水量的增加，其绝缘电阻、击穿场强均呈下降趋势，而介质损失角正切值却增大，使其电气性能大大地下降。因此，电缆纸必须用浸渍剂填充其结构上的微小空隙，而且在浸渍前应彻底干燥，除去纸中的全部水分。

二、屏蔽纸

由于电缆导电线芯一般由多根导线绞合而成，在导电线芯表面与绝缘层间形成了较多的间隙。一般情况下，间隙被浸渍剂填充。另外，绝缘层外表面与金属护套间常存在很大的空隙。这些间隙或空隙的存在，对电力电缆，尤其是高压电缆的性能影响极坏，可降低电缆的游离特性和击穿强度等。因此，3.6/6 kV及以上电力电缆一般在绝缘层的内侧和外侧均设有屏蔽层（绝缘层内侧的屏蔽层称为内屏蔽层，绝缘层外侧的屏蔽层称为外屏蔽层），把间隙屏蔽在电场之外。

最早使用的屏蔽材料是金属化纸。它是在电缆纸的一面贴上厚度约为0.014 mm的铝箔。由于这种金属化纸的浸渍性较差，所以在每100 cm^2的面积内均匀地打500个小孔来改善其浸渍性能。近年来，浸渍纸绝缘电力电缆多采用半导电纸作为屏蔽材料，对于超高压电缆的屏蔽一般还要加一层双色半导电纸。

电缆采用屏蔽层后，线芯表面电场强度大约下降3%，可使电缆工频击穿电压提高30% ~ 40%。

三、浸渍剂

浸渍剂用来加强和提高电缆的绝缘性能。浸渍剂应具有较高的击穿场强、高闪点、低凝点和良好的电、热长期稳定性。浸渍剂按其黏度的大小可分为低黏度浸渍剂和黏度较高的黏性浸渍剂两大类。

低黏度浸渍剂主要用于自容式和钢管式充油电缆。充油电缆浸渍剂多由原油的变压器油馏分经过脱蜡、酸碱精制、水洗、白土处理、加添加剂而制成。浸渍剂不仅应具有优良的原始性能，而且在老化后也应保持良好的性能。

黏性浸渍剂主要用于35 kV及以下浸渍纸绝缘电力电缆的浸渍剂，压力电缆和充气电缆所用的浸渍剂也属于此类。黏性浸渍剂在电缆工作温度范围内具有较高的黏度，不流动或基本不流动，以防流失，但在浸渍温度下具有较低的黏度，以保证良好的浸渍特性。

黏性浸渍剂主要有两种配方：一种是松香光亮油复合剂；另一种是不滴流电缆用浸渍复合剂。由于松香价格较高，资源匮乏，因此许多国家的电缆工业采用聚丁烯等合成树脂来代替松香。不滴流电缆浸渍剂在浸渍温度（120 ~ 130℃）下，具有相当低的黏度，而在其工作温度（50 ~ 65℃）时，不能流动而成为塑性固体，并具有较小的温度膨胀系数，以保证减小气隙形成的可能性。

一般来说，无论高黏度还是低黏度的绝缘油，在高电场强度的作用下，都可能发生聚合或缩合反应，出现蜡状物和低分子化合物的老化过程，当绝缘内部发生局部放电时，这一现象尤为显著。老化过程中产生的氢气、水分子等对绝缘性能起着极为显著的破坏作用。因为气体产生后，气隙不断扩大、增多，促使局部放电迅速发展，油的分解速度加快。从化学结构上来看，饱和烃组分有析气倾向，不饱和烃倾向于吸气和聚合。

应该指出，金属对绝缘油老化过程的氧化反应往往起加速催化作用，水分的存在可以提高金属的催化活性，铅、铜的催化作用最强，铁、锌、锡次之，铝几乎没有催化作用。因此，对于高压电缆的铜导体，应采用镀锡导线，以减缓其催化作用。

四、浸渍纸绝缘层结构

浸渍纸绝缘电缆的绝缘层一般采用窄条纸带螺旋状包缠。这样的结构既便于包缠，又可以保证电缆具有一定的可曲度，即电缆沿半径为电缆本身半径的15 ~ 25倍圆弧弯曲而不致损伤电缆绝缘。如果用整张的纸包缠在线芯上，则电缆的弯曲半径应为电缆半径的200倍，这样的电缆根本无法使用。

采用层状纸带包缠结构，绝缘层由多层纸组成，这样就减弱了单层绝缘纸对整体性能的影响，使整个绝缘层的均匀度增加，提高绝缘层的击穿强度，降低绝缘层击穿强度的分散性。

包缠绝缘纸带有三种方式，即搭盖式（或称正搭盖式）、间隙式（或称负搭盖式）和衔接式。

纸带做螺旋式包缠时，纸带边缘相互吻合没有间隙的称为衔接式。由于衔接式包缠的同层纸带边缘紧密衔接，没有空隙，使同层纸带不能相互移动，大大地降低了电缆的可曲度，因此这种包缠方式不宜采用。

搭盖式包缠即是纸带之间相互搭盖，这种包缠方式会降低电缆的可曲度，电缆紧密度较低，在电缆弯曲时易引起皱折，因此只适用于靠近线芯和绝缘层外表面的几层。在靠近线芯表面处采用搭盖式包缠是为了减小在电缆中电场强度最大处油的间隙尺寸，以提高电缆的击穿强度，而在绝缘层外表面采用搭盖式包缠是为了使绝缘层外表面光滑。

间隙式包缠是采用最多的一种包缠方式。所谓间隙式就是在包缠时纸带边缘留有一定宽度间隙的包缠。从电缆击穿强度来考虑，间隙越小越好，但间隙太小时，工艺难度大。

另外，电缆弯曲时，在电缆弯曲中心线以内的纸带可能相碰而使纸带发皱，降低电缆的击穿强度。因此，纸带间隙的大小，应根据纸带宽度、允许弯曲半径、电缆工作电压和工艺水平来确定。一般间隙宽度为0.5 ~ 2.5 mm。

五、橡胶

橡胶是最早用来做电线、电缆的绝缘材料。橡胶在很大的温度范围内都具有极高的弹性、柔顺性、易变性和复原性，以及良好的拉伸强度、抗撕裂性、耐疲劳，对于气体、潮气、水分具有较低的渗透性、较高的化学稳定性和电气性能。电缆绝缘用的橡皮是以橡胶为主体，加入各种配合剂，经混合形成均匀橡料，再经过硫化而制成弹性材料。因此，橡皮是一种复杂的混合物，它的电气、机械、化学、物理性能在很大程度上取决于组成成分和工艺流程。

由于天然橡胶资源的匮乏和合成橡胶工业的迅速发展，近年来，电缆绝缘材料也大量采用合成橡胶。合成橡胶不仅在数量上满足了人们的需要，在性能上也补充了天然橡胶的不足。用于电缆行业的橡胶主要有以下七种。

（一）天然橡胶

天然橡胶一般包括：橡胶烃、天然树脂、糖类、无机盐、蛋白质和水分等。其中橡胶烃成分占90%以上，其余均为非橡胶成分。蛋白质对硫化有促进作用，但容易吸潮；树脂也有促进硫化作用和防老化作用；糖类对橡胶无明显作用；无机盐对橡胶的影响最大，所以电缆工业用的橡胶应尽可能去除无机盐类杂质。

天然橡胶无一定的熔点，加热后逐渐软化，熔融温度为130 ~ 140℃，200℃开始分解。常温下略带塑性，随温度降低而逐渐变硬，低至0℃时弹性大大降低，到-70℃时则变成脆性物质。当温度回升时，可以恢复原状。

天然橡胶在已知的各种橡胶中弹性最好，伸长率最高可达1 000%，永久变形很小；机械强度很高，抗撕裂、耐磨损、耐曲挠；电气性能较好，耐碱性好，不耐浓强酸，不耐油，不耐有机溶剂；天然橡胶在生产加工时，从生胶塑炼、混炼到硫化都便于控制，与其他胶的相溶性好。天然橡胶在摩擦、拉伸或压缩时，表面产生静电荷；耐热低，耐老化性差，易燃等。

天然橡胶被广泛应用于电线电缆的绝缘和护套，长期使用温度不超过65℃，电压等级不超过6 kV。对柔软性、弯曲性和弹性要求较高的电线电缆，天然橡胶尤为适宜。但不能用于直接接触矿物油或有机溶剂的场合，也不宜用于户外。

（二）丁苯橡胶

丁苯橡胶是丁二烯单体和苯乙烯单体在乳液中用催化剂作用下共聚而成的高分子弹性体。它是工艺成熟、使用最早的合成橡胶。

丁苯橡胶的性能与苯乙烯的含量密切相关。电缆行业使用的标准型丁苯橡胶中苯乙烯的含量为25% ~ 30%；当苯乙烯含量为40% ~ 55%时属自补强性丁苯橡胶；当苯乙烯含量达到75%以上时，已转变为不饱和树脂，完全失去了弹性。苯乙烯含量越高，耐磨性、电性能越好，但耐寒性和工艺性能变差。

与天然橡胶相比，它具有抗张强度小、伸长率小、弹性差、耐寒性低等特点，但它的老化性能、耐热性、耐磨性、耐油性都比天然橡胶好，并有加工不早期硫化、性能易于控制等优点。同时丁苯橡胶在加炭黑补强剂后，几乎可以获得与天然橡胶相同的抗张强度和伸长率，所以被广泛用以代替天然橡胶来制造绝缘及一般护套橡皮。

（三）丁基橡胶

丁基橡胶是以异丁烯和少量的（0.5% ~ 3%）异戊二烯为单体，用三氯化铝或三氟化硼做催化剂，在-95℃下聚合而成的共聚物。

由于它的大分子链中双键较少，因此它比一般通用橡胶（天然橡胶、丁苯橡胶）的耐电晕性能、耐热性能、耐大气老化性能、电绝缘性能要好，具有突出的耐酸、耐碱和极性溶剂性能。另外，它是现有橡胶中透气性最小的一种，是一种耐湿橡皮。

丁基橡胶能用作较高电压（35 kV及以下）、较重要负荷（船用电缆、高压电机电缆等）电缆的绝缘，也可作为耐热90℃和防潮的绝缘。它的缺点是回弹性和黏结性较差，硫化速度较慢，与其他橡胶相容性较差等，不过，现在的改性丁基橡胶已经克服了上述缺点。

（四）三元乙丙橡胶

三元乙丙橡胶是以乙烯单体和丙烯单体为主要原料，为便于硫化，加入少量的非共轭二烯（双环戊二烯）作为第三单体的共聚物。三元乙丙橡胶中丙烯含量为25% ~ 45%，第三单体含量为3% ~ 10%。

三元乙丙橡胶是完全不含有不饱和键结构的合成橡胶，因此它的耐大气老化性能、介电性能、抗臭氧性能都比丁基橡胶高，具有高度的耐热性和耐寒性，吸湿性较小及较强的抗化学腐蚀性。但是，三元乙丙橡胶的机械强度低、耐油性能较差、硫化速度慢、共溶性差、自黏性和互黏性都不好，给生产工艺带来很大的困难。

由于三元乙丙橡胶的优异性能，在电缆工业中被广泛应用于耐热85 ~ 90℃级的绝缘和高压电力电缆、X射线电缆、船用电缆和矿用电缆等。也可用作耐大气老化的护套。

（五）氯丁橡胶

氯丁橡胶是聚氯丁二烯橡胶的简称，它是在适当的催化剂、乳化剂和防老剂的存在下，由2-氯丁二烯-[1.3]聚合而成。氯丁橡胶是电缆工业中应用最多的合成橡胶之一。

氯丁橡胶像天然橡胶一样具有优良的机械性能，而且还具有优异的耐臭氧老化性和耐大气老化性，具有特殊的不延燃性和耐油性。氯丁橡胶的耐油性比天然、丁苯、丁基、乙丙等橡胶都要好。但由于其分子中含有氯原子和叔碳原子，形成了活性点，而电性能较差，在存放期间容易自硫化，在工艺上容易造成早期硫化（即焦烧）和粘辊。

氯丁橡胶具有优异的不延燃性、机械性能、耐大气老化性和耐油性，是电线电缆中较理想的一种护套材料。它被广泛用于船用电缆、矿用电缆、户外用电线电缆，以及要求不延燃的产品上。氯丁橡胶的电性能不高而很少用于绝缘，但也可用于低压布电线、电焊机电缆等产品。

（六）氯磺化聚乙烯橡胶

氯磺化聚乙烯橡胶是将聚乙烯溶解到溶剂中，然后通入气态氯和二氧化硫进行反应（氯化和氯磺化同时进行）而制得的可硫化弹性体。根据氯含量和聚乙烯分子量的不同，氯磺化聚乙烯可分为四个不同的品种。

氯磺化聚乙烯橡胶的性能取决于原料聚乙烯的分子量、氯和硫的相对含量。分子量低时，拉伸强度低、黏性大。由于氯磺化聚乙烯橡胶是以聚乙烯做主链不含双键的饱和型橡胶，而且引入了氯原子，使其具有良好的机械性能，没有环境龟裂现象；优异的耐臭氧、耐日光和耐大气老化性能，户外暴晒6年不发生裂纹；耐热高、不延燃、低吸水性；优异的耐酸、碱及其他化学药品性能；具有良好的耐电晕和辐射性；工艺性好。但氯磺化聚乙烯橡胶的压缩变形大，低温弹性较差。

由于氯磺化聚乙烯橡胶具有很多的优异性能，在电缆工业中，多用于汽车、飞机点火线及电机引出线的绝缘，高压电缆、矿用电缆、船用电缆的护套等。

（七）硅橡胶

硅橡胶是一种特种橡胶。所谓特种橡胶，就是在某种性能上超过普通橡胶，以适应特种绝缘的要求。硅橡胶以耐热著称，是一种耐热橡胶。

硅橡胶具有较高的耐热性和优异的耐寒性，在各种橡胶中，硅橡胶具有最广泛的工作温度范围（-100 ~ 350℃）；电性能优良，尤其是在温度变化、频率变化或受潮时，其电性能基本不变；具有优异的耐电晕、抗电弧性，耐臭氧老化、热老化、紫外线老化和大气老化性能；硅橡胶还具有较好的耐油性、耐溶剂性，耐辐射性和耐燃性高，低吸水性，高导热性等。

硅橡胶的主要缺点是：常温下的拉伸强度、撕裂强度和耐磨性等比其他合成橡胶或天然橡胶低得多；耐酸、碱性差；工艺性能差，较难硫化；价格较贵等。

硅橡胶主要用作船舰的控制电缆、电力电缆和航空电线的耐高温绝缘材料，以及电机的高压引出线和H级电机的引出线等。航天器、核电站等特殊场合都需要硅橡胶作为绝缘材料。

六、塑料

油浸纸作为电力电缆的绝缘材料，自从1890年开始，常用于1 ～ 35 kV的中低压等级，以及后来发展到500 kV及以上的充油电缆。经过100多年的实践，证明它的运行是相当可靠的，但是近30年来国内外某些电压等级的油浸纸绝缘电力电缆或充油电缆逐渐被热塑性挤包绝缘（交联或不交联）电缆所取代。因此，自1944年塑料电缆产生以来，得到了迅速的发展，现已突破500 kV电压等级。

塑料用于电线电缆工业的主要优点是：①能大大简化并改进电线电缆结构；②能简化电缆制造工艺、生产过程和设备，节省工时；③能改进电线电缆技术性能；④适宜垂直敷设并简化安装接头技术。

用来制作电力电缆绝缘层的塑料主要有：聚氯乙烯（PVC）、聚乙烯（PE）、交联聚乙烯（XLPE）、聚丙烯、氟塑料等。下面就前三种常用的塑料做简单的介绍。

（一）聚氯乙烯

聚氯乙烯是电线电缆中应用最早、最广泛的绝缘材料。它可用作10 kV及以下电力电缆的绝缘，也可用作电线电缆的护套。聚氯乙烯塑料是以聚氯乙烯树脂为基础的多组分混合材料。根据各种电线电缆的使用要求，在其中配以各种类型的增塑剂、稳定剂、填充剂、特种用途添加剂、着色剂等配合剂。

用于绝缘材料的聚氯乙烯树脂主要是悬浮法聚氯乙烯树脂，与乳液聚合的相比较，它的杂质少，并具有较高的电气性能，而且机械强度也较高，耐酸、耐碱、耐油性能好，不易燃，工艺性好。它的缺点是：分子结构中有极性基团、绝缘电阻系数小、介质损耗大、耐热性能低、热稳定性不高、耐寒性差等。

聚氯乙烯树脂在68℃时就开始分解出氯化氢。另外，紫外线、氧气在光热作用下会对聚氯乙烯起分解破坏作用，使高分子断链或交联，或氧化、老化等。聚氯乙烯中稳定剂的作用就是对热、光、氧起稳定作用。聚氯乙烯由于大分子本身的极性，使分子之间的引力很大，致使塑性很差。增塑剂（低分子化合物）可以使聚氯乙烯分子链间的引力减小，提高分子活动性，降低玻化温度和黏流温度，以获得富有弹性的聚氯乙烯塑料，并易于加工成型。填充剂的作用除了降低塑料成本外，有时还可以起改善塑料的电气性能、老化性能和工艺性能等作用。

（二）聚乙烯

聚乙烯是由乙烯经聚合反应而得到的一种高分子碳氢化合物。聚乙烯作为聚乙烯塑料的主体，在很大程度上决定着聚乙烯塑料的基本性能，而聚乙烯的分子结构则是由乙烯聚合的方法和条件所决定的。结构的不同，决定了性能的差异。

聚乙烯的合成方法有以下三种。

1. 高压法聚乙烯（低密度聚乙烯）

在纯净的乙烯中加入极少量的氧气或过氧化物做引发剂，压缩到200 MPa左右，并加热到200℃时，乙烯可聚合成白色蜡状聚乙烯。采用这种方法制得的聚乙烯，分子链的支链多，呈“树枝状”，它的结构稀疏、密度低（0.915 ~ 0.93）、柔软性好，又称为低密度聚乙烯。

2. 中压法聚乙烯

中压法由于使用不同的催化剂，而聚合条件有所不同。采用氧化铬催化剂时，压力为2 ~ 5MPa，温度为80 ~ 205℃。采用氧化铜或氧化铝催化剂时，压力为2 ~ 35MPa，温度为75 ~ 325℃。中压法制得的聚乙烯密度为0.931 ~ 0.94。

3. 低压法聚乙烯（高密度聚乙烯）

采用催化效能较高的络合催化剂时，乙烯的聚合反应可以在更低的压力或温度下进行。这种方法的压力为0 ~ 1MPa，温度为60 ~ 75℃。

中压法和低压法制得的聚乙烯，习惯上统称为低压聚乙烯。由于在聚合反应的过程中几乎没有接枝反应，因此制得的聚乙烯分子链没有分支。它的线型分子结构使其密度较大（0.941 ~ 0.965），所以低压聚乙烯又称高密度聚乙烯。

各种聚乙烯不同的分子量及其分布状况对聚乙烯的性能影响很大。分子量越大，熔融后黏度也越大，熔融指数就越小。

分子量的分布与聚乙烯的工艺性能和产品使用性能密切相关。聚乙烯在加工过程中，低分子量的易于熔融，高分子量的难以熔融，因此造成塑化不良，表面粗糙。另外，低分子量的存在是老化的因素，它将影响产品的使用寿命。

聚乙烯为结晶性高聚物。由于聚乙烯由非极性分子所组成，因此它的分子间力很小。因为聚乙烯大分子在化学结构和几何结构上都很规则、对称，所以聚乙烯很容易结晶。不过它的烃链相当柔软，要聚乙烯不含结晶结构固然很难，但要让它完全为结晶结构也不可能。一般聚乙烯是结晶相和无定形相的两相共存物，并用结晶相含量的百分数（即结晶度）来描述聚乙烯的微观结构。聚乙烯根据侧基的情况变化，其结晶度有所不同。高压聚乙烯含支链数较多而结晶度较低，在室温下为55% ~ 70%。中压和低压聚乙烯的侧基较少而结晶度较高，在室温下为80% ~ 90%。结晶度的大小随生产方式和聚合条件的不同而变化。影响聚乙烯结晶度的主要因素有以下四种：①温度。随温度的升高，结晶度变小；冷却后又恢复结晶状态。②分子结构及分子量分布。支链越多，结晶度越低；分子量分布越窄，结晶度越小。③密度。密度越高，结晶度越大。④冷却。冷却使结晶度提高。

聚乙烯的冷却方式（急冷和缓冷），对聚乙烯的产品影响较大。急冷工艺下，生成的晶球体积小、数量多、热塑性好。但急冷在聚乙烯内部预留的内应力较大，该内应力将导致产品的龟裂。缓冷正相反，生成的晶球少而大，材料硬，预留内应力较小，所以耐龟裂性能好。在电线电缆生产工艺中，温水冷却和风冷都属于缓冷。聚乙烯的结晶度增大时，其密度、熔点、刚性和拉伸强度提高，但塑性和伸长率下降。

聚乙烯原料来源丰富，价格低廉，电气性能优异，有优良的化学稳定性（耐酸、碱、盐及有机溶剂）和良好的物理性能。在通常温度下即具有一定的韧性和柔性，不需要增塑剂，加工方便。但用于高压电缆绝缘时，必须注意以下五个问题：①耐电晕、光氧老化、热氧老化性能低；②熔点低，耐热性低，机械强度不高，蠕变大；③容易产生环境应力开裂；④容易形成气隙；⑤易燃烧。

聚乙烯塑料在电线电缆工业中被大量用于中低压电线电缆的绝缘、内外屏蔽和护套。为了提高聚乙烯的耐光、热老化和抗氧化性能，可以采用各种抗老化剂和紫外线吸收剂。在抗环境应力开裂性能方面，可以在聚乙烯中混入一定量的聚异丁烯和丁基橡胶来对聚乙烯增塑。

（三）交联聚乙烯（XLPE）

聚乙烯的为了克服上述缺点，除了在混料中加入各种添加剂外，主要途径是采用交联。聚乙烯经过交联以后，不仅保持了聚乙烯原有的优良性能，还和改善了聚乙烯的机械、耐热、耐化学药品、抗蠕变及抗环境开裂等性能。

物理交联法是用电子加速器产生的高能粒子射线（如 β 射线）照射聚乙烯，使聚乙烯具有结合链状态，具有结合链的聚乙烯分子相互结合而成三维空间网状结构的交联聚乙烯。因此，物理交联又称辐照交联。

物理法交联的优点是交联均匀，针孔和气泡少，不会焦烧（局部过交联），能耗很少，属于冷态交联。由于物理交联必须有专用的附加设备（电子加速器和防辐射的密闭场地等），辐射能量与绝缘层厚度成正比。因此，物理交联法多用于制作薄膜，电缆（尤其是高压电缆）的绝缘层较厚，很少采用物理交联法，大多采用化学交联法。

化学交联法是在聚乙烯料中混入化学交联剂，在交联反应中，交联剂分子断开夺取聚乙烯分子中的氢原子，形成具有结合链的聚乙烯分子，它们互相结合而成为交联聚乙烯。常用的交联剂可分为有机过氧化物和硅氧烷两大类。

采用有机过氧化物做交联剂时，可交联料挤出后需要在较长的管道中加温、加压。目前，加温加压的方式有两种：其一是用高压蒸汽，其二是电加热、氮气加压保护。无水分参加的交联方法（后一种）又称干法交联，有水分参加的交联方法（前一种）称湿法交联。湿法交联制得的交联聚乙烯内部，因有少量的水分存在，其电气性能较差，不适合高电压等级的电缆使用，所以这种方法已被淘汰。

采用有机硅氧烷做交联剂时，可交联料挤出后需要在一定温度（70 ~ 90℃）的水或潮气的作用下，使硅氧基水解成不稳定的羟基，同时在催化剂的作用下使聚乙烯交联。因此，又被称为硅烷交联（指硅氧烷作交联剂）或温水交联（指最后在温水中完成交联）。

硅烷交联的特点是不必用特殊的管道式生产线，生产中能耗少，交联度也可达60%，但硅烷交联是在水中完成的，因此电性能较差，只适用于中压以下的电线电缆产品。目前，大量应用于低压电力电缆、10 kV 及以下架空绝缘电缆，450/750V 级及以下的各种绝缘电线，以及控制电缆的线芯等，并有取代聚氯乙烯电力电缆的趋势。

七、气体

在充气电缆、管道充气电缆中，需要充以绝缘气体，这种气体就是绝缘或绝缘层的组成部分。一般要求这种气体绝缘或绝缘层具有较高的击穿强度、化学稳定性和不燃性。通常用作电缆绝缘的气体有氮气、六氟化硫气、氟里昂-12气体等。六氟化硫气、氟里昂-12气体的击穿强度比氮气高得多，价格也较高。

六氟化硫具有很高的热稳定性和化学稳定性，在150℃条件下，不与水、酸、碱、卤素、氧、氢、碳、银、铜和绝缘材料起反应，在500℃下不分解。此外，六氟化硫还具有良好的绝缘性能和灭弧能力，它的击穿强度约为氮气或空气的2.3 ~ 3倍，在3 ~ 4个大气压下，它的击穿强度与一个大气压下的变压器油相似，因此，近年来许多高压开关采用六氟化硫气体。

虽然六氟化硫气体具有上述优点，但在火花放电和电弧的高温作用下，也会分解出氟原子和某些有毒的低氟化合物。这些分解物一经水解，将产生氟化氢等有强烈腐蚀性的剧毒物质。因此，在使用六氟化硫时必须严格注意防潮。

第三节　保护层

一、金属护层

金属护层通常由金属护套（内护层）和外护层构成。金属护套常用的材料是铝、铅和钢，按其加工工艺的不同，可分为热压金属护套和焊接金属护套两种。此外还有采用成型的金属管作为电缆金属护套的，如钢管电缆等。外护层一般由内衬层、铠装层和外被层三部分构成，主要起机械保护和防止腐蚀的作用。

（一）内护层

内护层亦即金属护套，金属护套的特性由金属材料本身的性能及其工艺所决定。常用的金属护套有铅护套和铝护套。

1.铅护套

（1）铅护套优点如下：①铅护套具有完全不透水性，有效地防止了水分和潮气的侵入，密封性能好；②由于铅的熔点低（327℃），挤压铅护套温度低，对绝缘损伤小，工艺简单，封焊方便；③耐腐蚀性很好。但硝酸、醋酸、石炭酸等对铅起腐蚀作用；④铅护套韧性好，不影响电缆可曲度。

（2）铅护套缺点如下：①资源匮乏，仅占地壳重量的0.001 6%；②有毒性；③具有再结晶的趋向，特别在高温和震动时，在粗大的铅粒间易形成裂缝，使电缆侵潮损坏；④机械强度低，其抗拉强度只有14.7MPa；⑤铅的密度大，使电缆更加沉重；⑥具有蠕变性，易变形；⑦铅容易被电化腐蚀。

2.铝护套

（1）铝护套（和铅护套相比）优点如下：①相对密度小，重量轻。②机械强度高；③资源丰富；④铝的晶体结构稳定；⑤导电率高（是铅的7倍），屏蔽性好。

（2）铝护套（和铅护套相比）缺点如下：①由于弹性模量比铅大，在弯曲时有剩余应力，增大了允许弯曲半径；②腐蚀性比铅差；③铝的封焊工艺复杂；④由于铝的熔点高达658℃，使铝护套的压制工艺复杂。

（二）外护层

在金属护套外面起防蚀或机械保护作用的覆盖层称为外护层。外护层的结构主要取决于电缆敷设条件对电缆外护层的要求。外护层一般由内衬层、铠装层和外被层三部分组成，它们的作用及应用材料如下：

1.内衬层

位于铠装层和金属（屏蔽）护套之间的同心层称为内衬层。它起铠装衬垫和金属（屏蔽）护套防腐作用。用于内衬层的材料有绝缘沥青、浸渍皱纹纸带、聚氯乙烯塑料带及聚氯乙烯和聚乙烯等。

2.铠装层

在内衬层和外被层之间的同心层称为铠装层。它主要起抗压或抗张的机械保护作用。

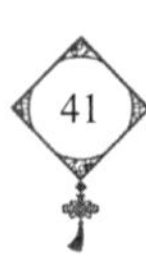

用于电缆铠装层的材料通常是钢带或镀锌钢丝。钢带铠装层的主要作用是抗压，这种电缆适于地下埋设的场合使用。钢丝铠装层的主要作用是抗拉，这种电缆主要用于水下或垂直敷设的场合使用。

3.外被层

在铠装层外面的同心层称为外被层。它主要是对铠装层起防腐蚀保护作用。用于外被层的材料有绝缘沥青、聚氯乙烯塑料带、浸渍黄麻、玻璃毛纱、聚氯乙烯或聚乙烯护套等。

二、橡塑护层

橡塑护层的特点是柔软、轻便，在移动式电缆中得到极其广泛的应用。但因橡塑材料都有一定的透水性，所以仅能在采用具有高耐湿性的高聚物材料作为电缆绝缘时应用。橡塑护层的结构比较简单，通常只有一个护套，并且一般是橡皮绝缘的电缆用橡皮护套（也有用塑料护套的），但塑料绝缘的电缆都用塑料护套。橡皮护套与塑料护套相比，橡皮护套的强度、弹性和柔韧性较高，但工艺比较复杂。塑料护套的防水性、耐药品性较好，且资源丰富、价格便宜、加工方便，因此应用更加广泛。

在地下、水下和竖直敷设的场合，为了增加橡塑护套的强度，常在橡塑护套中引入金属铠装，并把它叫作橡塑电缆的外护层。

在有些特殊场合（如飞机、轮船通信网等）也采用金属丝编织层作为橡皮电缆的外护层，其主要作用是屏蔽，当然也有一定的机械补强作用。

三、组合护层

组合护层又称综合护层或简易金属护层。它在塑料通信电缆中得到相当广泛的应用，近年来，在塑料电力电缆中也得到了充分的重视。随着石油化工工业的发展，塑料性能不断改进，耐老化、耐药品性都有大幅度的提高。所以，塑料电力电缆的应用范围日趋扩大，而组合护层也必将获得更加广泛的应用。

所谓组合护层，一般都由薄铝带和聚乙烯护套组合而成。因此，它既保留了塑料电缆柔软轻便的特点，又具有隔潮作用，使它的透水性比单一塑料护套大为减小。

第三章 电力电缆敷设

第一节 电力电缆线路敷设基本要求

一、电缆敷设的一般规定

（一）电缆敷设前的检查

1.电缆通道畅通，排水良好。金属部分的防腐层完整。隧道内照明、通风符合要求。

2.电缆型号、电压、规格应符合设计。

3.电缆外观应无损伤、绝缘良好，当对电缆的密封有怀疑时，应进行潮湿判断。直埋电缆应经试验合格。

4.电缆放线架应放置稳妥，钢轴的强度和长度应与电缆盘质量和宽度相配合。

5.敷设前应按设计和实际路径计算每根电缆的长度，合理安排每盘电缆，减少电缆接头。

6.在带电区域内敷设电缆，应有可靠的安全措施。

7.采用机械敷设电缆时，牵引机和导向机构应调试完好。

（二）电缆标志牌的装设

1.生产厂房及变电站内应在电缆终端头、电缆接头处装设电缆标志牌。

2.城市电网电缆线路应在下列部位装设电缆标志牌：①电缆终端及电缆接头处；②电缆两端、人孔及工作井处；③电缆隧道内转弯处、电缆分支处、直线段每隔50 ~ 100 m。

3.标志牌上应注明线路编号。当无编号时，应写明电缆型号、规格及起始地点；并联使用的电缆应有顺序号。标志牌的字迹应清晰不易脱落。

4.标志牌规格应统一。标志牌应能防腐，挂装应牢固。

（三）电缆的固定

1.在下列地方应将电缆加以固定：①垂直敷设或超过45°倾斜敷设的电缆在每个支架

上；桥架上每隔2 m处。②水平敷设的电缆，在电缆首末两端及转弯、电缆接头的两端处；当对电缆间距有要求时，每隔5 ~ 10 m处。③单芯电缆的固定应符合设计要求。

2.交流系统的单芯电缆或分相后的分相铅套电缆的固定夹具不应构成闭合磁路。

3.裸铅（铝）套电缆的固定处，应加软衬垫保护。

（四）其他规定

1.电缆敷设时，不应损坏电缆沟、隧道、电缆井和人井的防水层。

2.在三相四线制系统中应采用四芯电力电缆，不应采用三芯电缆另加一根单芯电缆或以导线、电缆金属护套做中性线。

3.并联使用的电力电缆长度、型号、规格宜相同。

4.电力电缆在终端头与接头附近宜留有备用长度。

5.电缆敷设时，电缆应从盘的上端引出，不应使电缆在支架上及地面摩擦拖拉。电缆上不得有铠装压扁、电缆绞拧、护层折裂等未消除的机械损伤。

6.机械敷设电缆的速度不宜超过15 m/min，在较复杂路径上敷设时，其速度应适当放慢。

7.在复杂条件下用机构敷设大截面电缆时，应进行施工组织设计，确定敷设方法、线盘架设位置、电缆牵引方向，校核牵引力和侧压力，配备敷设人员和机具。

8.机械敷设电缆时，应在牵引头或钢丝网套与牵引钢缆之间装设防捻器。

9.电力电缆接头的布置应符合下列要求：①并列敷设的电缆，其接头的位置宜相互错开；②电缆明敷时的接头，应用托扳托置固定；③直埋电缆接头盒外面应有防止机械损伤的保护盒（环氧树脂接头盒除外）。对于位于冻土层内的保护盒，盒内宜注以沥青。

10.电缆敷设时应排列整齐，不宜交叉，加以固定，并及时装设标志牌。

11.沿电气化铁路或有电气化铁路通过的桥梁上明敷电缆的金属护层或电缆金属管道，应沿其全长与金属支架或桥梁的金属构件绝缘。

12.电缆进入电缆沟、隧道、竖井、建筑物、盘（柜），以及穿入管子时，出入口应封闭，管口应密封。

二、电缆敷设

常用电缆构筑物有电缆挖沟直接埋设、电缆沟、隧道和竖井、排管、吊架及桥梁等。

（一）电缆直接埋设

电缆直接埋设在地面下0.7 ~ 1.0 m深的壕沟中的敷设方式，称为电缆线路直埋敷设方式。它适用于市区人行道、公园绿地及公共建筑间的边缘地带，是最简便的敷设方式，应优先采用。

电缆线路直接埋设的主要优点：①电缆散热良好；②转弯敷设方便；③施工简便，施工工期短，便于维修；④造价低，工程材料最省；⑤线路输送容量大。

但电缆线路直埋设敷设方式的不足是：①容易遭受外力破坏；②巡视、寻找漏油故障点不方便；③增设、拆除、故障修理都要开挖路面，影响市容和交通；④不能可靠地防止外部机械损伤；⑤易受土壤的化学作用。

直埋敷设电缆的路径选择应符合下列规定：①避开含有酸、碱强腐蚀或杂散电流电化学腐蚀严重影响的地段；②未有防护措施时，避开白蚁危害地带、有热源影响和易遭受外力损伤的区段。

直埋敷设电缆，一般以一盘电缆的长度为一施工段。施工顺序为：预埋过路导管，挖掘电缆沟，敷设电缆，电缆上覆盖15 cm厚的细土，盖电缆保护盖板及标志带，回填土；当第一段敷设完工清理之后，再进行第二段敷设施工。

（二）电缆排管敷设

电缆敷设在预先埋设于地下管子中的一种电缆安装方式，称为电缆排管敷设。电缆排管敷设适用于地下电缆与公路、铁路交叉，地下电缆通过房屋、广场等区段，城市道路狭窄且交通繁忙或道路挖掘困难的通道等电缆条数较多（一般在10 ~ 20根）的情况与道路少弯曲的地段。

电缆排管敷设的主要优点是：①外力破坏很少。②寻找漏油故障点方便。③增设、拆除。④占地小，能承受大的荷重。⑤电缆之间无相互影响。

电缆排管敷设不足之处是：①管道建设费用大。②管道弯曲半径大。③电缆热伸缩容易引起金属护套疲劳，管道有斜坡时要采取防止滑落措施。④电缆散热条件差，使载流最受限制。

排管内的电缆敷设安装规范要求是：①一般敷设在排管内的电缆采用无铠装的裸电缆或塑料外套电缆；②管内径不应小于电缆外径的1.5倍，且不得小于100 mm。内壁要求光滑，管道内部应无积水，且无杂物堵塞。穿电缆时，用无腐蚀性的润滑剂（粉）；③敷设时的牵引力不得超过电缆最大的允许拉力；④有接头的工作井内的电缆应有重叠，重叠长度一般不超过1.5 m；⑤工作井应有良好的接地装置，在井壁应有预埋的拉环以方便敷设时牵引。

（三）电缆沟敷设

电缆敷设在预先砌好的电缆沟中的敷设方式，称为电缆沟敷设。一般采用混凝土或砖

砌结构，其顶部用盖板（可开启）覆盖，且布置与地坪相齐或稍有上下。电缆沟敷设方式适用于变电所（站）出线及重要街道，电缆条数多或多种电压等级线路平行的地段，穿越公路、铁路等地段多采用电缆沟敷设。它适用于发电厂及变电所内、工厂区域城市人行道并列安装多根电缆的场所。根据敷设电缆的数量，可在电缆沟的双侧或单侧装置支架，电缆敷设后应固定在支架上，在支架之间或支架与沟壁之间留有一定的通道。

电缆沟敷设方式的优点是：①造价低，占地较小；②检修更换电缆较方便；③走线容易且灵活方便；④适用于不能盲埋地下且无机动车负载的通道，如人行道、变电所内、工厂厂区内等处所。

但不足之处是：①施工检查及更换电缆时，必须搬动大量笨重的盖板；②施工时外物不慎落入沟中时易将电缆碰伤。

根据有关的规定，在有化学腐蚀液体或高温熔化金属溢流的场所，或在载重车辆频繁的地段，以及经常有工业水溢流、可燃粉尘弥漫的厂房内等场所，不得使用电缆沟。有防爆、防火要求的明敷电缆应采用埋砂敷设的电缆沟。

（四）电缆隧道敷设

电缆隧道敷设适用于电缆线路高度密集地段（如发电厂和大型变电所）或路径难度较大区段（如穿越机场跑道和江底），位于有腐蚀性液体或经常有地面水流溢的场所，或含有35 kV以上高压电缆等场所。

电缆隧道敷设方式，分为在混凝土槽中敷设和在隧道侧壁上悬挂敷设两种方式。前一敷设方式是电缆敷设在混凝土槽中，混凝土槽设在隧道下部紧靠隧道侧壁处。后一敷设方式又分为钢索悬挂敷设和钢骨尼龙钩悬挂敷设。钢索悬挂敷设是在隧道侧壁上安装支持钢索的托架，电缆用挂钩挂在钢索上；钢骨尼龙钩悬挂敷设是挂在隧道侧壁上，而电缆则直接挂在挂钩上。

采用电缆隧道敷设的优点是：①维护、检修及更换电缆方便；②能可靠地防止外力破坏，敷设时不受外界条件影响；③寻找故障点方便，修复、恢复送电快。

但不足之处是：①建设隧道工作量大，土建材料量大；②工期长，建设费用大；③占地大；④与其他地下构筑物交叉不易避让；⑤附属设施多。

（五）架空绝缘电缆敷设

架空绝缘电缆敷设，简称架空敷设。架空电缆通常悬挂在电杆或建筑物墙上，而电缆本身带有悬挂线的用于悬挂在户外地面之上。

悬挂电缆架设方式的优点是：①敷设电缆不需挖掘土方；②电缆悬挂在杆塔上（或捆绑在钢索上），不会被地面水侵蚀；③电缆被悬挂在高空，一般能可靠地防止外力破坏。

悬挂电缆架设方式不足之处是：①由于必须进行高空作业，不如直埋电缆方便；②电缆一旦悬吊不当，将有可能损伤电缆。

架空电缆由三根单芯电缆绞合并与一根悬挂线绑扎在一起。由于三根单芯电缆用金属绑扎带和悬挂线紧扎在一起，悬挂线能承受架空电缆的全部重量而不需要其他附加构件，因此又称为自承式架空电缆。

架空电缆用金具分为握着电缆承受拉力的张力金具（又称耐张线夹）和握着电缆使其悬挂在支撑物上的悬挂金具（又称悬挂线夹）。

施工时，先在电杆或建筑物墙上装好挂钩和悬挂线，再将架空电缆的悬挂线装在悬挂线夹中。安装时应注意：架空电缆的悬挂线的两端必须接地；在长线路上，架空电缆的金属带也必须每隔一定距离加以接地，并保证不接地部分的长度小于1 km。架空绝缘电缆敷设时，敷设温度应不低于-20℃。电缆敷设允许弯曲半径应满足以下要求：电缆外径D小于25 mm者，电缆弯曲半径应不小于4 D：电缆外径D大于25 mm者，电缆弯曲半径应不小于6 D。

三、电力电缆的陆地敷设施工

（一）概述

1.电缆陆地敷设施工起讫端的选择原则

对于比较复杂的电缆路径，由于环境条件的限制，如何安全可靠地敷设，选择好敷设的起讫端在电缆线路施工设计中是一个极其重要的环节，一般按以下原则考虑：①尽可能减少敷设牵引力。电缆敷设应从较高端向较低的一端敷设，以便减少敷设牵引力，同时对于截断多余的电缆也有利。在坡降较大或竖井中敷设电缆时，可在高的一端向下滑放而不牵引。②采用一端向另一端敷设牵引。当电缆敷设牵引施工选择一端向另一端敷设场地时，必须考虑宽敞且运输方便的敷设场地作为敷设起点。尤其在水电站，这个原则有可能成为主要的选择条件。因为运输电缆盘时一般采用平板拖车装运，就要求被牵引的首端场地有放置电缆和车辆的回旋余地。③避免电缆在敷设时受损。根据电缆线路设计要求的最小计算牵引力和侧压力选择起讫点，以保证电缆在敷设时不受损伤。④尽量将电缆盘靠近电缆敷设就位点。电缆盘的放盘位置尽量靠近电缆敷设就位的地方，以便减少电缆出盘后的牵引距离。另外，对于电缆路线较复杂的“咽喉”段，宜靠近敷设的终点敷设。

2.电缆的敷设路径确定后的设计书编制

在电缆的敷设路径选择后，应编制设计书：设计书由设计部门来完成，它是施工的依据。设计书由封面、目录、说明、设计图纸、材料表5个部分组成：①封面。包括工程的名称、账号，设计的部门、日期等。②附录。按次序列出设计书的全部内容，便于查找

设计书的相关内容。③说明。叙述工程的一些具体事项和要求。例如，在工程中需要新放或替换的电缆的线路名称和数量，需要制作的电缆附件的类型、数量和编号，替换下的电缆的处理（就地停运或拆除带回），等等。施工人员应仔细阅读设计说明，并按其要求施工。④设计图纸，包括电缆走向图、电缆线路剖面图、电缆支架图等。其中，电缆走向图应画出电缆的敷设路径。⑤材料表，包括电缆材料表、电缆支架材料表：施工部门根据材料表准备电缆材料、附件材料及相应的工具。

（二）直埋电缆敷设施工

1. 直埋电缆敷设施工前的准备

电缆敷设施工前，除了环境温度低于电缆允许敷设温度之外，一般电缆盘须提前搬运到施工场地。在搬运前，应核对电缆盘上的标志，如电压、截面、型号是否符合工程设计书上的要求。对无压力的油纸电缆，则还要求检验电缆盘两端头油纸和导线内是否含有水分。

另外，由于全长电缆线路中会经常出现需要穿越公共道路或桥梁等场所，为了避免牵引电缆时对公共交通的影响，通常处理方法是横越道路部分的一段路事先埋设多孔导管：导管的顶部一般不低于地坪1m，导管孔数留有50%的备用孔。而埋设横越道路的导管，其中心线不论在平面和垂直方向都须保持直线，这就需要先挖出一半长度的横断道路电缆沟土方，在其上临时铺平通行钢板，然后开挖另一半横断道路的电缆沟土方，并在确定沟中无障碍物，能保持导管成一直线后，方可捣浇所需混凝土导管，并做好养护工作，最后覆土填平。

为了方便敷设，电力电缆从电缆盘展放到待敷设直线线路上不是直线状时，必须将其校直。对于转弯地段的电缆，应按设计规定有一定的弯曲半径，这时可采用电缆弯管机进行处理。

2. 做好路径、复测、放样画线工作

按照施工设计的电缆路径图，复测电缆设计路径，并在主要点，如直线段的中点、上下坡、过障碍、拐弯、中间接头和须特殊预留电缆的地点等位置，补加标桩。根据设计图纸和复测结果，拟定敷设电缆线路的走向，进行画线：敷设一条电缆时，开挖宽度为0.4 ~ 0.5 m；同沟敷设两条电缆时，开挖宽度为0.6 m左右。

3. 选用电缆输送机械及辅助机具

电缆输送机适用于大规模城市电网改造，适合大截面、长距离电缆敷设，降低劳动强度，提高施工质量。

4. 电缆直埋敷设

直埋敷设技术要求：①按施工组织设计或敷设作业指导书的要求，确定电缆盘、卷扬机或履带输送机的设置地点。②清理电缆沟，排除积水，沟内每隔2.0 ~ 3.0 m安放滚轮1只。③电缆沟槽的两侧应有0.3 m的通道。施放电缆时，在电缆盘牵引端、卷扬机、输送机、导管口、转弯角、与其他管线交叉等处，应派有经验的人操作或监护，并用无线或有线通信手段，确保现场总指挥与各质量监控点联络畅通。④电缆盘上必须有可靠的制动装置。一般使用慢速卷扬机，其牵引速度为6.7 m/min，最大牵引力30 kN，且卷扬机和履带输送机之间必须有联动控制装置。⑤监视电缆牵引力和侧压力，电缆外护套在施工过程中不能受损伤。⑥如果发现外护套有局部刮伤，应及时修补。⑦在敷设完毕后，应测试护层电阻。110 kV及以上单芯电缆外护套应能通过直流10 kV、1 min的耐压试验。

直埋电缆牵引敷设。敷设的方法有人工敷设、机械敷设和人工敷设与机械敷设二者配合使用。无论采用何种方法，敷设电缆都不允许电缆与地面发生摩擦。

人力和机械混合敷设电缆，主要用于较为复杂的电缆线路，如敷设现场转弯多，施工难度大，全用机械化敷设比较困难，须以机械牵引为主，辅以人力配合进行电缆牵引敷设。

（三）穿越道路施工

采用电缆直埋方式穿越公路、铁路、城市街道区等地区时，应埋设保护管。但在上述地段属不能开挖的道路时，通常是用顶管法施工技术设置保护管，电缆保护管由于直径较小，可用顶管法和铁锤冲击法实现敷缆保护。

1.螺旋钻头顶管法施工

螺旋钻头顶管法施工，适用于路宽在20 m以内的硬土、黏土地段，不适用于渣土、水浆土、砂砾等。

2.液压顶管机施工

液压顶管机施工，可在地表1.2 ~ 3.5 m以下穿越公路、铁路及其他障碍物；可一次成功铺设地下小口径水泥管道、天然气管道、中小型自来水管道及电力、电信、电缆管道等，而不破坏地表。

3.铁锤冲击法

仅适用软土、灰渣、砂砾土或路面不宽的场所。施工时，同样在道路的一端挖一操作坑，其长度为保护管加锤的冲击距离，另一端则可挖小坑，其余要求同螺旋钻头顶管法。施工原理是利用铁锤自摆打击管帽，使管向前步进，直到打通为止。

（四）钢丝绳绑扎牵引敷设电缆施工

当没有辅助牵引机具，如电动滚轮、履带牵引机，同时经计算的牵引力或侧压力大于

允许值时，可采用钢丝绳绑扎牵引敷设电缆施工方法：在电缆盘侧配置一盘和电缆同长的钢丝绳，以便和电缆同时敷设，而牵引钢丝绳的牵引力只作用在边敷设、边把电缆绑扎在钢丝绳上。电缆绑扎采用短尼龙绳（每隔2 m绑扎一道）扎紧，直到整个牵引完成，敷设完后应将所用绑扎短尼龙绳解开及钢丝绳回收，整个牵引工序即算完成。

钢丝绳绑扎在电缆上，用尼龙绳而不用麻绳，是因为尼龙绳相对麻绳来说弹性变形较大，借助尼龙绳的弹性作用，使得所绑的绳扣能均匀受力。

（五）电缆埋设施工其他工艺

1.埋设隔热层

电缆的埋设与热力管道交叉平行敷设，如不能满足最小允许距离时，应在接近或交叉点前后1 m范围内做隔热处理。隔热材料一般都采用250 mm厚的泡沫混凝土、石棉水泥板、150 mm厚的软木或玻璃丝板，所用材料必须具有隔热和防腐蚀的性能。根据规定，所埋设的隔热材料除热力沟的宽度外，两边各应伸出2 m；电缆沟宜从隔热后沟的下面穿过，任何时候都不能将电缆平行敷设在热力沟的上方和下方。穿过热力沟部分的电缆除采用隔热层外，还应穿石棉水泥管保护。

2.覆土填沟

全部电缆展放在滑轮上后，就可逐段将电缆提起，移出滑轮放在沟底，并检查电缆有无损伤。然后在上面覆以100 mm厚的软土或砂层盖设电缆，并对电缆外护套进行电压为10 kV、时间为1 min的直流耐压检验，以检验外套在电缆牵引过程中是否有损。检验合格后，在软土层或砂层上再覆盖一层厚约50 mm的钢筋混凝土板或具有醒目标志的识别板，防止检修挖掘时误伤电缆。最后可在保护板上用杂土回填至地面。直埋电缆回填土前，应经隐蔽工程验收合格。回填土应无杂物，且每回填0.2 ~ 0.3 m整实一次，为防松土沉降，最后一层应高出地面0.1 ~ 0.2 m。

3.埋设电缆标志桩并绘制竣工图

①电缆标志桩。在建筑物欠密集的地段，应沿电缆线路途径每隔100 ~ 200 m及在线路转弯处埋设用水泥制作的“下有电缆”标志桩。标志桩的底部宜浇在水泥基础内，以此避免日后倾斜或反倒。电缆沟回填完成后，即可在规定地点埋设电缆标志桩。标志桩上应注明电缆线路设计编号，电缆型号、规格及起始点，并联使用的电缆应有顺序号。要求字迹清晰、不易脱落。

②绘制电缆竣工图。电缆竣工图应在原始设计图纸的基础上进行绘制，凡与原设计方案不符的部分，均应按实际敷设情况在竣工图中予以更正，以方便日后运行检修。

四、电力电缆在排管内敷设

排管用的管材有硅砂玻璃纤维环氧树脂复合管、超高分子量聚乙烯管，敷设三芯电缆还可以使用钢管、铸铁管或钢筋混凝土压力管。随着塑料技术的应用，有的采用高强度塑料管，从而省去了混凝土浇筑工序。排管的衬管常用纤维水泥管、聚氯乙烯波纹塑料管、红泥聚氯乙烯耐候塑料管等。

（一）排管技术要求

电缆排管是一种比较适用、使用较为广泛的电缆土建设施。排管和与之配套的工井，在电气和土建方面根据有关规定执行。

（二）排管敷设电缆的程序

1.检查排管中的管子和管子的连接

目前普遍采用承插式接口，即管子的小头插入另一管子的大头的连接口。因此，牵引电缆的方向必须自管子的大头至小头逆向牵引，以防止电缆外护层在牵引过程中被擦损。

对由排管块组成的插销连接，施工前，还须检查管孔是否错位。检查的机具除可用排管疏通棒（俗称铁牛）外，还可采用专用管孔内壁检查电视机来完成。

2.排管电缆牵引

电缆排管敷设的工具与直埋电缆基本相同。排管内敷设电缆的牵引，可以在一孔内同时牵引三根电缆，但应校核阻塞率。排管内敷设电缆牵引的方法，通常是把电缆盘放在人井底面较高的人井口外边一侧，然后用预先穿过排管的钢丝绳与电缆牵引端连接，通过排管引到另一个井底面较低的人井。

牵引力的大小与排管对电缆的摩擦系数有关，一般为电缆质量的50% ~ 70%。当排管电缆线路中间有弯曲部分时，为了减少电缆在敷设过程中的拉力，宜将电缆盘放在靠近排管弯曲一端的人井外边。

第二节　电力电缆运输及保管

一、电力电缆运输注意事项

电力电缆一般是缠绕在电缆盘上进行运输、保管和施放。敷设的低压电缆盘多为木质结构，中压电缆盘多为钢结构，保护板均为木板，高压和超高压电缆盘都是钢结构，保护板多为薄铁皮，与电缆盘可采用铆接、焊接或螺栓连接。钢结构电缆盘坚固耐用，不易损

坏，对保护电缆很有好处，这种电缆盘还能够回收，重复使用，比木质电缆盘经济。30 m以下的短段电缆也可按不小于电缆允许的最小弯曲半径卷成圈子或打成“8”字形，但在搬运过程中至少要在三处捆绑牢固。

在运输和装卸电缆盘的过程中，关键的问题是保证电缆不要受到损伤，不要使电缆的绝缘遭到破坏。尽管这是大家都认识到的问题，但是损坏电缆的事还是时有发生，因此应当给予足够的重视。

（一）准备

运输前要检查电缆的规格、型号是否符合要求，新电缆应有产品质量合格证，要将合格证交有关部门存档，应检查电缆，保证完好无损，电缆封端应严密；电缆的内、外端头及充油电缆与压力箱之间的油管在盘上都要牢靠地固定，避免在运输过程中受振而松动；压力箱上的供油阀门保持于开启状态，压力指示在允许范围以内；电缆的外面要做好防护，以防外物伤害。如果发现问题，应处理好后才能装车运输。

电缆的线盘应坚固无松动。若损坏或无法装卸须更换线盘时，更换的新线盘直径应不小于原线盘，保证满足电缆弯曲半径的需要。

（二）电缆盘装卸

装卸电缆盘一般采用吊车。起重指挥人员必须经过培训，取得合格证书。装卸时在电缆盘的中心孔中穿进一根钢轴，在轴的两端套上钢丝绳起吊。有的电缆盘中心即为盘轴，轴两端设有槽，可直接套上钢丝绳起吊。不允许将钢丝绳直接穿入电缆盘的内孔中起吊，如果这样起吊，电缆盘受力不均，或钢丝绳挤压盘边，都会损坏电缆。装卸电缆盘时严禁把几盘电缆同时吊装。

卸车时如果没有起重设备，严禁将电缆盘从运输车上直接推下。因为直接推下，不仅使电缆盘受到破坏，而且电缆也容易遭受机械损伤。较小型的电缆盘，可以用木板搭成斜坡，再用绞车或绳子拉住电缆盘沿斜坡慢慢滚下。人力搬运短段电缆等重物时，必须同时起立和放下，互相配合，以防损伤。上斜坡时，后面的人员身高应比前面的人员高，下斜坡时反之。

（三）电缆盘运输

重量较轻、盘径不大的电缆盘可以使用一般的槽形卡车运输，但重量和盘径较大时，最好使用专用拖车运输。

电缆盘在车上运输时，必须将电缆盘放稳并牢靠地固定，电缆盘边应垫塞好，防止电缆盘出现晃动、碰撞或倾倒。

电缆盘不允许平放装车。因为电缆盘平放会将使电缆缠绕松脱，层间相互挤压，容易使电缆与电缆盘损坏。

（四）电缆盘的滚动

电缆线盘的放置地应坚实，防止倾倒压伤电缆、设备和人员。短距离搬运电缆线盘时，允许将电缆盘滚动，但其滚动的方向必须与线盘上标示的箭头方向，或电缆的缠紧方向一致。这样滚动电缆盘时电缆就会越滚越紧，才不会在滚动时松开、脱落伤人或损坏电缆。

电缆盘在地面上滚动时必须控制在小距离范围内。滚动电缆线盘时，应有人统一指挥和熟练操作工人控制方向。

二、电力电缆保管注意事项

（一）电缆及附件的检查验收

电缆及其附件运到仓库或施工现场后应及时进行检查验收，其项目如下：

1.按照施工设计和订货清单，核查电缆的型号、规格数量是否相符；检查电缆及其附件的产品说明书、试验检验合格证、安装图纸资料是否齐全。

2.电缆盘及电缆是否完好无损，充油电缆还要检查电缆盘上的附件是否完好，压力箱的油压是否正常，电缆及其终端应无漏油迹象。

3.电缆附件应齐全、完好，其规格尺寸应符合制造厂图纸的要求。绝缘材料的防潮包装及密封应良好。

电缆及附件在检查验收时，如发现问题应及时处理。

（二）电缆及附件的存放与保管

电缆及其附件运到后，一般都要存放在仓库妥善保管，作为备品、备件的电缆和附件，存放的时间会更长。电缆及其附件存放时，为避免造成损伤，影响使用，应注意以下几个问题：

1.电缆盘上应标明电缆型号、电压、规格和长度。电缆盘的周围应有通道，便于检查，地基应坚实，电缆盘应稳固，存放处不得有积水。

2.电缆盘不得平放。在室外存放充油电缆时，应有遮篷，防止太阳直接照射电缆，并有防止遭受机械损伤和附件丢失的措施。

3.电缆终端和中间接头的附件应当分类存放。为了防止绝缘附件和绝缘带材、绝缘剂等绝缘材料受潮、曝晒而变质，必须将其存放在干燥、通风、有防火措施的室内。而存放

有机材料如绝缘部件、绝缘材料的室内温度应不超过35℃。充油电缆的绝缘纸卷筒，密封应良好。

4.终端用的瓷套等易碎绝缘件，无论存放于室内、室外，都有遭受机械损伤的可能。因此所有瓷件存放时，尤其是大型瓷套，应放于原包装箱内，用泡沫塑料、草袋、木料等围遮包牢。

5.存放过程中应定期检查电缆及其附件是否完好。对于充油电缆，还应检查油压是否随环境温度变化而正常增减。如果油压降低不正常，且油压降低至最低时，应查明原因进行处理。发现密封端有渗漏油时可进行修补，如暂时无法处理，应对压力箱进行补油，防止油压降至零。如果油压降至零或出现负压，电缆内将吸进空气和潮气，此时应马上进行处理。处理前不要滚动电缆盘，以免空气和水分在电缆内窜动，给处理增加难度。

较长时间存放的充油电缆，可装设油压报警装置，以便仓库保管人员能及时发现问题。

（三）其他材料的存放与保管

其他材料主要包括接地箱和交叉互联箱、防火材料、电缆支桥、桥架、金具等。

1.接地箱、交叉互联箱要存放于室内，对没有进出线口封堵的，要在箱内放置防潮剂并增加临时封堵。

2.防火涂料、包带、堵料等防火材料，应严格按照制造厂提供的产品技术性能对其包装、温度、时间等的保管要求，进行保管存放，以免材料失效、报废。

3.电缆支架、桥架暂时不能安装时，应分类保管；装卸存放一定要轻拿轻放，不得摔打，以防变形和损伤防腐层。

4.存放电缆金具时，不要破坏金具的包装箱。

三、电力电缆起重注意事项

起重是吊装作业的一种。吊装作业基本上可分为两大类：一类是吊车起重吊装作业，常用汽车吊或桥式起重机进行作业；另一类是安装起重用的桅杆、起重滑轮及卷扬机等起重机具或各种起重机械进行的吊装作业。在吊装作业时吊点位置的选择是非常重要的，必须使用原设计的吊点。没有规定的吊点时，应使吊点或吊点连线与重心铅垂线的交点在重心上。下面主要说明电力电缆吊车起重注意事项：

（一）对吊车驾驶员的资历要求

1.吊车驾驶员须有两年以上车辆驾驶经验，并通过质量技术监督部门考核，签发特种设备作业人员证书，方准从事吊装作业。

2. 吊车驾驶员要严格按规定对车辆进行维护保养，认真学习、熟悉了解吊车使用说明书，严格执行吊机操作规程，定期检查吊车液压系统有无软管老化、断裂，各部接头有无漏油现象，定期检查吊车钢丝绳有无背花、磨损、断股，定期检查吊机警报系统是否正确有效。一经发现，及时修复，确保设备安全和施工安全。熟悉起重机的结构、性能和工作原理。

（二）吊装作业“十不准”

1. 听从指挥人员的指挥，没有信号或信号不清不准作业。

2. 不准酒后作业。

3. 不准交给非指定人员作业。

4. 不准超负荷、超工作半径作业。

5. 不准吊杆下站人，吊物时不准在驾驶室上空运转。

6. 吊有重物时，驾驶员不准离开操作室；作业时司机不准从事与操作无关的事情或与他人闲谈。

7. 吊杆抬起未回复到原位，不准现场移动行车。

8. 不准在风力6级以上或雷雨天气条件下作业；当风力达到5级时，不准露天进行受风面或重物接近额定负荷的作业。

9. 不准拖拉和斜吊重物。

10. 不准在距带电物体小于规定距离时作业。

（三）车辆行驶

1. 行驶前确认吊机吊杆、支腿全部回复原位，关闭吊机操作室车门。

2. 行驶时起重机外部严禁乘人。

3. 检查车上装载的枕木钢丝绳是否放好，防止行车中坠落。

4. 大型吊车车身长，重量重，车体宽，行车中要特别注意其他车辆、非机动车和行人，不要太靠路边，防止路基坍塌，造成不测。

5. 注意行驶路线上的架空线路、桥梁、涵洞的限高和限重，不得冒险通过。

（四）吊装作业

1. 按规定接合输出动力，使液压油及各齿轮箱润滑油预热15 ~ 20 min，冬季应延长预热时间。

2. 检查蓄能器压力和力矩限制器、报警装置等是否灵敏有效。

3. 检查作业区域内有无障碍物，起重机应停放在平坦坚硬的地面上；地面松软不平

时，支腿应垫枕木，确认起重机处于水平状态。

4.雨雪天气，为防止制动器受潮失灵，应先行试吊，确认安全后，方可作业。

5.在运行变电站内和高压带电线路旁进行近电吊装作业前，吊车须良好接地。

6.在提升或降落过程中，吊臂及电缆盘下严禁人员停留或通行。

7.停机时，必须先将电缆盘落地，不得在悬空时停留。

8.电缆盘距地面20 ~ 50 cm时应暂停，检查吊钩、钢轴、钢丝绳状态，有无妨碍设备附件情况，视一切情况正常后，再行作业。

9.轻吊轻放（周围有障碍物时应备有晃绳控制），防止因晃动、振动、碰撞等现象造成损坏。

10.放置时应选择坚实平整的地面，防止倾倒电缆。

11.在吊装电缆终端瓷套管时，吊装点一定要在瓷套管重心点以上，用最慢的下降速度套入瓷套管。

第三节　电力电缆敷设方式

一、电力电缆桥架、桥梁敷设

（一）应用范围

电缆在过河时，可以搭设专用的电缆桥通过。也可以借助于已有的公路或铁路桥，在其上安装支架或者吊架而使电缆通过。借助桥梁过江，可使敷设施工方便、费用大大降低，因此常被应用。

（二）技术要求

1.由于桥上的电缆经常会受到振动，因此必须采取防振措施，如加弹性材料的衬垫，或采用防振良好的橡塑型电缆。

2.在桥墩两端和伸缩缝处电缆应留有松弛部分，以防电缆由于结构膨胀和桥墩处地基下沉而受到损坏。

3.架设在木质桥上的电缆应穿在铁管中以防电缆故障时烧坏桥梁。架设在其他非燃性材料结构的桥上时，电缆应放在人行道下的电缆沟中或穿入耐火材料制成的管中，这时管的拱度不应过大，以免安装时因拉力过大而拉坏电缆。

4.电缆敷设在桥上无人可触及处，可裸露敷设，但上部须加遮阳罩。

5.悬吊架设的电缆与桥梁构架间的净距应不小于0.5 m，以免影响桥梁的维修作业。

6.电缆金属护层除有绝缘要求以外，应与桥梁钢架进行电气连接接地。

7.电缆桥架在每个支吊架上的固定应牢固，桥架连接板的螺栓应紧固，螺母应位于桥架的外侧。

8.铝合金桥架在钢制支吊架上固定时，应有防电化腐蚀的措施。

9.不宜在桥梁、桥架上装设电缆接头。

二、电力电缆隧道敷设

（一）应用范围

容纳电缆数量较多、有供安装和巡视的通道、全封闭型的电缆构筑物，称为电缆隧道。电缆隧道敷设是将电缆敷设于地下隧道的一种电缆安装方式。

电缆隧道敷设维护检修方便，可对电缆线路实施多种形式的状态监测，容易发现运行中出现的异常情况。电缆隧道埋入地下深度较大，使电缆不易受外界的各种外力损伤，同时能容纳很多路的电缆。但它一次性投资很大，存在渗漏水现象，比空气重的爆炸性混合物进入隧道会威胁安全。这种方式适用于地下水位低，电缆线路较集中的电力主干线，一般敷设30根以上的电力电缆。

（二）技术要求

常见的电缆隧道结构一般有以下技术要求：

1.电缆隧道一般为钢筋混凝土结构，也可采用砖砌或钢管结构，可视当地的土质条件和地下水位高低而定。一般隧道高度为1.9 ~ 2 m，宽度为1.8 ~ 2.2 m。

2.电缆隧道两侧应架设用于放置固定电缆的支架电缆支架。支架上的中低压电缆每隔10 m应加以固定，而蛇形敷设的高压、超高压电缆应按设计节距用专用金具固定，每1 m用尼龙绳绑扎。电力电缆与控制电缆最好分别安装在隧道的两侧支架上，如果条件不允许，则控制电缆应该放在电力电缆的上面。

3.深度较浅的电缆隧道应至少有两个人孔，长距离一般每隔100 ~ 200 m应设一人孔。设置人孔时，应综合考虑电缆施工敷设，在敷设电缆的地点设置两个人孔，一个用于电缆进入，另一个用于人员进出。近人孔处装设进出风口，在出风口处装设强迫排风装置；深度较深的电缆隧道，两端进出口一般与竖井相连接，并通常使用强迫排风管道装置进行通风；电缆隧道内的通风要求在夏季不超过室外空气温度10℃为原则。

4.在电缆隧道内设置适当数量的积水坑，一般每隔50 m左右设积水坑一个，使水及时排出。

5.隧道内应有良好的电气照明设施。

6.电缆隧道内应装设贯通全长的连续的接地线，所有电缆金属支架应与接地线连通。电缆的金属护套、铠装除有绝缘要求（如单芯电缆）以外，应全部相互连接并接地，这是为了避免电缆金属护套或铠装与金属支架间产生电位差，从而发生交流腐蚀。

三、电力电缆水底敷设

（一）应用范围

水底敷设电缆是将电力电缆直接敷设于水底的一种电缆安装方式。当电缆要跨越没有桥梁和隧道的大江、大海时，就要敷设江底或海底等水底电缆。

（二）技术要求

1.从供电侧到受电侧，水底电缆应是整根的。当整根电缆超过制造厂的制造能力而须驳接时，可采用软接头连接。

2.通过河流的电缆，应敷设于河床稳定及河岸很少受到冲损的地方。在码头、锚地、港湾，渡口及有船停泊处敷设电缆时，必须采取可靠的保护措施。条件允许时，应深埋敷设。

3.水底电缆的敷设，必须平放水底，不得悬空。当条件允许时，宜埋入河床（海底）0.5 m以下。

4.水底电缆平行敷设时的间距不宜小于最高水位水深的2倍；当埋入河床（海底）以下时，其间距按埋设方式或埋设机的工作活动能力确定。

5.水底电缆引到岸上的部分应穿管或加保护盖板等保护措施。其保护范围，下端应为最低水位时船只搁浅及撑篙达不到之处；上端高于最高洪水位。在保护范围的下端，电缆应固定。

6.电缆线路与小河或小溪交叉时，应穿管或埋在河床下足够深处。

7.在岸边水底电缆与陆上电缆连接的接头，应装有锚定装置。

8.水底电缆敷设必须始终保持电缆有一定的张力，配备压力传感式张力计监测张力的大小，防止张力为零发生电缆打扭。

9.放线支架保持适当的退扭高度，消除电缆由于旋转而产生的剩余应力，避免电缆入水时打扭或打圈。

四、电力电缆竖井敷设

（一）应用范围

将电缆敷设在竖井中的电缆安装方式称为竖井敷设。竖井是垂直的多根电缆通道，上下高程差较大。竖井与建筑物成一整体，钢筋混凝土结构。竖井敷设适用于水电站、电缆隧道出口及高层建筑等场所。

（二）技术要求

1.在竖井内壁固定电缆的支架和夹具要有贯通上下的接地扁钢，金属支架的预埋铁与接地扁钢用电焊连接。

2.竖井内每隔4 ~ 5m设工作平台，有上下工作梯、起重和牵引电缆用的拉环等设施。

3.敷设在竖井中的电缆必须具有能承受纵向拉力的铠装层，应选用不延燃的塑料外护套或阻燃电缆，也可选用裸细钢丝铠装电缆。

4.竖井中优先选用交联聚乙烯电缆。

5.垂直固定宜每米固定一次。

第四节　电力电缆敷设施工器具

一、凹形车

为控制整体运输高度，将拖车平板放置电缆盘的位置改装，电缆盘可凹下平板的拖车，叫做凹形车，俗称“元宝车”。

电缆和电缆盘的总重量应小于电缆凹形运输车的承载力。当运输重量较大的电缆时（超过电缆凹形运输车承载力80%），应采用提升装置，以保证离地距离不小于150 mm。

二、放缆拖车

放缆拖车是用来运输和敷设电缆用的一种多功能工具车。

拖车车体没有底板，电缆盘可嵌入其中，大大降低了电缆运输的高度；此外，该拖车还有液压的升降系统，当电缆运至施工现场后，可在拖车上直接施放电缆。考虑到运输时因道路原因拖车会发生颠簸，故电缆盘的下缘离地面至少应有0.25 m。

放缆拖车应满足的技术要求：

1.电缆拖车载重20 t，满足运输最大电缆盘4 m × 2.4 m的要求。

2.满足白天和夜间标准公路行驶及施工工地行驶要求。

3.安装柴油或汽油驱动助力装置使电缆盘提升和旋转。电缆盘驱动及制动系统采用无极变速，驱动装置驱动电缆盘的转速能实现速度定位。

4.电缆拖车安装有在电缆运输过程中刹紧电缆盘的装置。

5.电缆拖车应有防止电缆盘在运输过程因液压失灵而落地的措施。

6.电缆拖车本身要有刹车系统并与牵引机头连接。

三、放缆支架

在不使用汽车吊和电缆拖车的情况下，为了能将数十吨重的电缆盘从地面升起，在盘轴上平稳转动进行电缆敷设，带千斤顶的电缆盘放缆支架是电缆敷设中经常使用的施工机具。它不但要满足现场使用轻巧的要求，并且当电缆盘转动时，它要有足够的稳定性，不致倾倒。通常要考虑支架的高度、宽度、强度的设计，要能适用于多种直径的电缆盘。电缆盘重量不大时，也可使用蜗轮蜗杆式千斤顶。

四、电缆输送机

电缆输送机是专为敷设大截面和大长度电缆而设计和制造的。敷设这些电缆时，为了克服巨大的摩擦力，必须加大牵引力。但如果将牵引力集中施加在电缆的牵引端上，往往会超过电缆的最大允许拉力和侧压力，会造成电缆的损坏。为了解决这一矛盾，须采用电缆输送机分散牵引或输送电缆。

（一）结构

电缆输送机由底架、传动机构、履带输送装置及夹紧机械组成。

（二）工作原理

电缆输送机中用电动机驱动的履带输送装置与横向移动的拖板相结合，从两侧夹紧被敷设的电缆，靠摩擦力来推送电缆。它在夹紧机械中设有预压簧，当电缆受侧压力过大时，可通过补偿减小受力，防止电缆受损。

（三）特点

电缆输送机具有结构紧凑、重量轻、推力大等特点，可有效保证电缆敷设质量。并且最新的电缆输送机都可以均匀地增加电缆的输送速度，从而避免了对电缆的损伤。

（四）日常维护

1.每次使用后，都应清洁干净，并在每个齿轮、转轴处加上润滑油。

2.应进行定期检查。每隔一段时间检查输送机的电气接线是否破损，接触是否良好，并应及时更换输送机履带上磨损的橡皮块。

五、牵引机

由于现在电缆截面积越来越大，重量也随之增加，敷设时就需要大的牵引力。因此，能够提供很大牵引力的电动卷扬机得到了广泛的应用。随着敷设电力电缆时所需牵引力越来越大，卷扬机的功率也就越来越大。对于大型（5 t）卷扬机，为了移动方便，通常将它安装在一个箱式拖车中，可以很便利地运送到各个施工工地。以下简单介绍卷扬机的工作原理、使用及维护保养方面的知识。

（一）工作原理

电动卷扬机是以电动机为原动机，经弹性联轴节、三级封闭式齿轮减速箱，由联轴节驱动绳筒，靠绳筒上的绳索吊装或平拖物体。

（二）使用注意事项

1.正式开车前必须在齿轮箱内加上适量的机械齿轮润滑油，然后开空车，使油料遍及各轴承及齿轮。

2.使用前，应检查刹车，不能过紧或过松。

3.电源接通前，必须先检查接地线的良好情况，避免触电事故发生。

4.起吊重物时，当钢丝绳放到所需最大长度时，钢丝绳仍不得小于3圈。

5.停车时，务必切断电源，制动刹紧。

6.不得超负荷工作。

（三）日常维护

1.卷扬机每次使用后应擦洗干净，特别是油类等物，以免降低刹车效能。

2.应经常检查紧固件，以防松动影响安全。

3.减速箱应每6个月更换润滑油一次。

第五节　电力电缆敷设技术要求及质量控制

一、技术措施

电缆线路的敷设是一项十分复杂的工作，路径复杂，点多线长，因此在电缆敷设过程中必须制定详细的施工技术措施，以确保敷设全过程的万无一失。

（一）敷设前准备

1.了解工程情况，合理组织施工人员

在接到工程施工项目以后，施工方首先应根据工程设计书了解整个工程施工的概况，包括工程施工范围、周边环境、线路走向、敷设方式、电缆规格和重量、接头位置和数量、护层接地方式及工程工期等，然后再结合该工程施工的具体要求和特点，合理进行工程管理和施工人员的配备，从施工管理、技术、安全及质量上建立起有效的工程施工管理网络。主要工程管理人员包括工程项目负责人、技术负责人、安全负责人、质量负责人。工程项目负责人主要负责工程的组织协调工作，包括工程计划和进度安排、人员调配及施工中的日常管理工作等；技术负责人主要负责工程施工的技术管理工作，包括施工有关技术措施和施工方案的制订、疑难技术问题的解决等；安全负责人主要负责工程施工的安全管理工作，包括有关安全技术措施的审批和监督实施、安全设施和用具的配备等；质量负责人主要负责工程施工的质量管理工作，包括对整个施工质量的检验和控制、施工质量报表的审核等。此外，其他工作人员还应包括施工员、敷设现场负责人、现场资料员、现场工具和材料管理员等，在工程开工前也必须一一明确，职责到人。

2.办理开工的施工依据

电缆敷设施工前还必须办齐各种施工依据，施工依据是工程施工的许可证，是确保工程顺利进行的书面保证形式。施工依据包括工程承包合同书、设计任务书、设计交底记录、道路施工许可证、施工资质证书、施工中须外单位配合的互保协议书等。在工程开工前必须准备好以上书面文件，在工程施工中加以妥善保管并随时备查，作为将来工程竣工资料的一个组成部分。

3.编制施工计划

施工计划的编制应具有可行性，要紧密结合现场施工条件，同时要充分考虑工程满足工程工期的要求，计划的编制要详细、周全，并尽量给接下来的附件工作留有充足的时间。每天须完成的工作情况均应安排清楚并落实到具体工作人员。城市敷设电缆对交通影响较大，对一些重要的施工环节，如电缆线盘运输到敷设现场，复杂地段敷设牵引电缆等，在编制计划时更要求准确细致，一般最好安排在夜间交通流量小的时候进行。在实施过程中每天对工作计划进行总结，并做好施工记录，以确保电缆敷设能正常进行，具体工作中如遇到意外情况需要改变施工计划时，必须得到工程项目负责人和技术负责人的同意。

4.编写技术方案

在电缆敷设中，对影响施工质量的主要过程，均应由技术部门编写技术方案，并由技术负责人在施工前向施工人员进行技术交底。施工人员必须严格按照技术方案的操作程序进行工作，对于无法达到施工操作要求的施工人员，必须由技术部门事先安排进行系统的培训工作，达到要求后才能上岗作业。电缆敷设安装主要过程的技术方案包括卷扬机的操作、电缆输送机的操作、低压接火、临时电源箱的使用操作、空气压缩机的操作、隧道及工井电缆的敷设原则、高落差电缆敷设原则等。由工程技术负责人指导技术方案的实施，施工结束后作为工程技术资料归档保存。

（二）电缆敷设准备

1.施工场地布置齐全合理

包括现场线盘位置的放置、施工电源的配备、仓储用地的选择、通信设施的配置等。

2.人员安排到位

在电缆敷设中的一些关键部位如电缆线盘位置、牵引端、转弯处、工井和隧道出口、终端、控制指挥位置等安排一定数量的有经验的工作人员，要求在电缆敷设中听从统一指挥。

3.主要施工机具的放置

根据敷设方式和要求放置电缆牵引机、输送机、卷扬机、放线支架、滑车等主要施工用具。保证数量合理，位置正确。对电缆的敷设顺序、牵引方式、进线方向、放线速度、制动措施、弯曲半径、拉力计算、余线安置等敷设过程中的一些技术要求，均应严格按照技术方案进行施工。

4.外护套的检查

整个敷设中派专人对电缆外护套进行检查，如发现缺陷应做好标记，放线结束后修补完整。敷设结束后对电缆按设计要求进行拿弯、固定，做好电缆保护、防火、外护套绝缘电阻测量，及时清理工具材料及场地等工作。

二、安全要求

电缆敷设是一项大型的机械和人力相互配合的工作，为确保敷设过程中每一个环节正常运作而不发生差错，就必须采取必要的安全措施，保证人身和施工现场设备的安全。

（一）敷设前的安全准备工作

电缆敷设施工前，必须建立以项目经理为核心（包括现场安全员、项目部安全员在内）的安全管理和施工网络。安全网络中的人员可根据施工情况进行合理安排，安全网络的职责是制定和督促完成敷设施工中的各项安全要求及安全技术措施，并对施工全过程进行有效的安全监督。一般在施工前应组织做好以下一些工作。

1.施工前安排足够的时间进行工作及安全交底，使每一个工作人员都熟知当天的工作

内容、技术要求和安全措施，明确各自的工作范围和职责，做到人人心中有数，确保工作万无一失。

2.检查施工所用的工器具设备，保证其具备良好的工作状态。例如，检查电缆放置地点放线支架的固定强度，各部分支撑附件及连接部件均要逐一检查到位，确保电缆敷设时线盘旋转顺畅。校核敷设中使用的钢丝绳的机械强度，若有损坏或断股则不能使用。检查使用的滑轮有无破损、尖角，以免敷设时刮伤电缆外护套等。

3.检查电缆敷设路径是否畅通，例如直埋段或专门建造的电缆沟要求平整。清除沟内及沟槽边的杂物，沟底铺上约100 mm厚的一层细砂或软土。检查工井、隧道内敷设电缆时的通风措施，并测量有害气体浓度和氧气含量符合规定数值。工井及竖井开孔口四周应设置遮拦和安全网防止坠落。

4.在敷设现场所有施工范围内设好遮拦，挂警示带和醒目的警告牌。夜间施工时还必须挂示警信号灯。敷设施工现场要做好防火措施，配备足够的灭火材料和器具。

5.敷设范围内如有其他运行电缆，则施工时还要切实做好邻近运行电缆的保护措施，一般可用防燃麻布或防火隔离槽进行隔离。

（二）敷设时的安全要求

1.建立准确、可靠的安全通信系统。电缆敷设时所需的机械设备和施工人员较多，电缆从线盘开始敷设至终点位置,其中每一个环节都必须保持安全协调和统一。在某些复杂路径上敷设时，难免会发生滑轮倒伏、电缆拖链等事件，因此更需要就近操作电源开关，随时暂停电缆牵引，保证电缆设备不受损伤。

2.采取必要的安全技术措施。电缆敷设时电缆各组成部分都将受到力的作用。施工中电缆所受力的大小与电缆的重量、电缆盘的架设、电缆的牵引方向及电缆敷设方式等因素有关。因此，将力控制在规定值以内，是确保敷设安全的关键，对此，在电缆敷设中常使用一些辅助装置来提高施工中的安全系数。

（三）其他应注意的安全事项

1.电源箱要采用TN-S保护系统，电源箱、电缆输送机等的金属外壳必须可靠接零。

2.电缆拖动时，严禁用手搬动电缆，以防压伤。电缆牵引时，所有人员严禁在牵引内角停留，施工人员应站在安全位置，精神集中地听从统一指挥。

3.在竖井、隧道等较复杂的敷设地方，施工中如遇到现场突然停电，应立即刹紧线盘并收紧所有抛锚绳，所有的施工人员站在原地不能乱动。如遇到通信设施失灵，则用哨声作为停止施工的联络信号，并立即刹紧线盘。

4.施工中不仅要做好安全生产，还要提倡文明施工。工具及材料要做到定置管理，堆放整齐。对可能影响居民生活的施工场所要做好安全措施，及时疏导车辆和行人，防止路人失足落坑。施工结束后，余土及垃圾要及时清除，做到工完、料净、场地清。

三、施工验收

电缆线路安装过程中或安装完成投运前，建设单位和运行单位应对整个电缆线路及其附属设备的施工质量进行检查，以确认工程施工质量符合运行要求，并且各种竣工资料已齐全，这一过程称为施工验收。施工验收是检查电缆施工质量的一个必要手段，也是保证电缆安全运行的一个重要环节。

验收时，运行单位对照项目验收标准对施工项目逐项进行验收。验收检查项目及标准主要包括以下一些内容。

（一）电缆敷设验收

电缆规格应符合设计标准；电缆排列应整齐，无机械损伤，埋设深度应符合敷设规程标准；敷设在电缆沟、工井或隧道内的电缆均应安装在固定支架上，电缆或接头的金属部分不应与金属支架直接接触，应垫有绝缘垫层，金属支架的接地应符合规程要求；电缆穿越楼板及墙壁的孔洞应用防火材料封堵；电缆线路铭牌应装设齐全、正确、清晰。

（二）电缆终端验收

电缆终端施工应符合工艺要求；终端及尾线、支架等装置与邻近设备的间距应符合设计和安装规程的要求并固定良好；终端位置地方的电缆弯曲半径应满足规定要求；终端及接地装置应安装牢固，电气接地应良好；终端表面不应有渗漏现象，相色正确、鲜明；充油电缆终端供油管路对地绝缘应良好，无渗漏油迹象，油压应保持在规定的整定值范围以内。

（三）电缆接头验收

电缆接头安装应符合工艺施工要求，安放平直并固定良好；绝缘接头处的换位同轴电缆与金属护套应接触良好，相色应正确、清晰；同轴电缆换位箱或接地箱安装应符合设计要求，接地可靠。

（四）土建设施验收

土建设施结构应符合设计要求，外表光滑、平整，无渗漏水现象；电缆排管应疏通良好，管口保持光滑；土建结构中电气支架等金属部件应采用热镀锌并且油漆完好；电缆沟、工井及隧道内应无杂物，盖板齐全，隧道内照明、排水、通风设备应良好；土建结构接地装置应符合设计及有关规程标准。

（五）交接试验报告

电缆直流电阻、正序和零序阻抗等参数的实测值；电缆耐压试验报告；电气接地点位置的接地电阻测量值；电缆外护套直流耐压试验报告；充油电缆油样及工频击穿电压试验报告；充油电缆供油压力箱油压上、下限整定值及二次信号系统的调试报告。

（六）电缆竣工资料及相关文件

检验合格证；敷设记录；接头记录；接头工艺说明书；电缆线路竣工图；电缆工井、电缆沟、隧道等土建安装竣工资料；充油电缆二次信号系统装置图等技术资料。

第四章　电力电缆敷设施工技术

第一节　电力电缆的牵引方式及直埋敷设

一、电力电缆的牵引方式

（一）施工准备

1.与有关的桥梁主管部门办理好使用手续。

2.按照设计要求安装电缆托盘、吊盘、支架及吊架。

3.为避免影响交通，应尽量在晚间施工，设置隔离护栏、警告标志、夜间红灯等。

4.检查施工机具是否齐备，包括放线支架、滑车等。

5.对参与电缆敷设的施工人员进行安全技术培训，考核不合格者不得上岗。

6.掌握电缆到货情况，对已到货电缆进行校潮试验，记录电缆盘长及盘号，排列敷设顺序。

7.临时电源应满足施工所需容量，并且安全、可靠。

（二）布置敷设机具

主要机具包括放线支架、环形滑车、拐弯滑车及一些配套的辅助工具。几个拐弯滑车连接到一起能够组成更大的拐弯滑车组。环形滑车设置在支架或吊架上。拐弯滑车组固定组装在进、出口处。

（三）敷设电缆

1.采用人力牵引的敷设方法。

2.电缆盘运至施工现场后，检查电缆外观，无问题后方可敷设。

3.敷设时应注意保持通信畅通，使用步话机联络。

4.电缆盘处设1 ～ 2名有丰富经验人员负责施工，检查外观有无破损。

5.敷设过程中，注意入口、出口处电缆的弯曲半径，防止电缆弯曲半径过小损坏电缆。

6. 电缆裕度摆放合理，满足设计要求。

7. 当一段电缆敷设达到要求长度，须锯断电缆时，应立即密封后再敷设下一段。

8. 电缆就位应轻放。

9. 检查电缆外护套是否损伤，如有损伤就采取修补措施。

10. 用记号笔在电缆两端做好路名标记。对于单芯电缆，将相色带缠绕在电缆两端的明显位置。

（四）电缆的固定

按设计图纸做蛇形布置，按节距长度固定，每米绑扎尼龙绳。固定电缆要牢固，金具尽量和电缆垂直。

（五）质量验评

1. 电缆敷设位置、排列及固定要符合设计要求，牢固美观。

2. 进口和出口电缆裕度符合设计要求，端部密封良好。

3. 电缆路名及两端相色带（单芯电缆）正确清晰。

4. 电缆敷设完成后，及时填写敷设记录和相关资料并整理归档，作为工程竣工资料的一部分。

二、电力电缆直埋敷设

（一）施工准备

1. 与有关的城市建设部门事先办理好允许掘路手续，取得掘路许可证。

2. 挖掘公共行车道路时，应事先与公安局交通管理部门办理许可手续，获准后方可挖掘，并在施工时做好措施，确保交通畅通和安全。

3. 电缆线路穿越铁路时，应取得铁路部门的同意，并签订协议书。

4. 电缆线路在市政绿化带下的，应事先与园林管理部门办理移植或砍伐的手续。

5. 电缆线路须占用农田时，应事先与有关的部门办理征地或赔偿等手续。

6. 电缆与其他管线交叉或接近时，应在开工前通知有关单位，现场协商解决，必要时应签订协议或向有关单位办理申请迁移手续。

7. 电缆进入或穿越其他厂矿企业时，应事先与有关单位签订协议。

8. 需要外单位配合协作的工程，应事先办妥安装电缆工程的协议书，并开好工程协调会。

9. 挖样洞。由于地下管线很多，资料往往与现场的实际情况有误差，所以挖掘的线路不可能直接正确确定，必须在设计的线路上几个关键处挖几个坑，先了解地下情况后，才能正确地确定挖掘的实际线路。这种做法的另一个作用是还可了解一下土层情况，这样就可以事先采取解决方法，具体做法如下：①线路的直线部分每40 ~ 50m挖一个洞至电缆的埋设深度；②线路的转弯处、交叉路口及有可能遇到障碍处，均须挖样洞；③样洞的大小与须敷设的电缆条数有关，一般情况在不使用机械挖沟时，其宽度为0.4 ~ 0.5 m，长度和深度均为1 m；④样洞挖好后，还须用铁棒向下试探是否有其他管线，避免电缆直接施放在其他管线上。

10.挖沟。根据设计和挖样洞，了解并确定了线路实际走向后就可进行路面开挖，挖沟操作方法如下：①用白粉画线标出实际的电缆线路挖沟范围，以便分工同时进行挖沟。电缆条数再多时宽度应做相应的比例增加，弯曲处应满足电缆弯曲半径的要求。②挖掘时应将挖出的土体分别放置在距沟边0.3 m以外的两旁。③挖掘时还应考虑土质和周围设施情况，土质松或有建筑物的影响时，应做好支撑、加固措施。④挖掘时应根据交通安全设置隔离护栏、警告标志和夜间红灯等措施。⑤穿越道路的电缆线路部分应尽可能不开挖路面而采用顶管的办法穿越。若顶管确有困难时，可按道路宽度用分段预埋管道的施工方法或用在夜间施工的办法解决，以免影响交通。

11.检查施工机具是否齐备，包括放线支架、滑车、牵引钢丝绳、卷扬机及其他必需设备等。

12.对参与电缆敷设的施工人员进行安全技术培训，考核不合格者不得上岗。

13.掌握电缆到货情况，对已到货电缆进行校潮试验，记录电缆盘长及盘号，排列敷设顺序。

14.复测电缆路径长度及敷设位置，复核电缆接头位置。

15.临时电源应满足施工所需容量，并且安全、可靠。

16.电缆与架空线路相连接时，核对电缆与架空线路相位。

17.清理电缆沟。清除电缆沟内的石块、泥土和其他杂物。

（二）布置敷设机具

主要机具包括放线支架、卷扬机、直线滑车、拐弯滑车及一些配套的辅助工具。几个拐弯滑车连接到一起能够组成更大的拐弯滑车组。

在拐弯处设拐弯滑车，上下坡等地方应额外增加直线滑车。

（三）敷设电缆

1.采用卷扬机牵引的敷设方法。

2.电缆盘运至施工现场后，检查电缆外观，无问题后方可敷设。

3. 敷设时应注意保持通信畅通，地上用步话机联络。在电缆盘、牵引端、转弯等处安排有经验的人员看护。

4. 电缆盘处设1 ~ 2名有丰富经验的人员负责施工，检查外观有无破损。

5. 机械牵引敷设的速度要求不大于15 m/min。

6. 机械牵引采用牵引头或钢丝网套牵引，牵引外护套时，最大牵引力为7 N/mm^2。

7. 机械牵引时，应在牵引头或钢丝网套与牵引钢线绳之间装设防捻器。

8. 机械牵引时，牵引人员应为一名经验丰富的施工人员，敷设过程中若发现问题，及时处理。

9. 敷设过程中，注意电缆的弯曲半径，防止电缆弯曲半径过小损坏电缆。

10. 电缆裕度摆放合理，满足设计要求。

11. 电缆中间接头应选择在直线部分，尽量避免在积水潮湿地段。中间接头处两条电缆重叠1.5 m，终端处裕度1 ~ 1.5 m。

12. 电缆就位应轻放。

13. 敷设后，应检查电缆密封端头是否完好，有问题及时处理。

14. 检查电缆外护套是否损伤，如有损伤应采取修补措施。

15. 用记号笔在电缆两端做好路名标记。对于单芯电缆，将相色带缠绕在电缆两端的明显位置。

16. 电缆表面距地面的距离不应小于0.7 m，穿越农田时不应小于1 m，电缆水平偏移不应超过设计值或有关规定。

17. 电缆与其他管道、道路、建筑物等之间平行和交叉时的最小净距，应符合设计要求或规程规定。严禁将电缆平行敷设于管道的上方或下方。

18. 电缆的上、下部应铺以不小于100 mm厚的软土（不应有石块或其他硬质杂物）或沙层，并加盖保护板，其覆盖宽度应超过电缆两侧各50 mm。在保护板上铺警示带。

19. 电缆在直线段每隔100 m处、电缆接头处、转弯处、进入建筑物等处，应设置明显的方位标志或标桩。

20. 埋设回填土，注意及时清除土中的石块、砖头等杂物。

21. 现场清理。清理好施工现场，将敷设安装使用的工具和多余的材料收回，敷设工作即告结束。

（四）电缆的固定

在电缆终端以下1.0 m处用抱箍固定。固定电缆要牢固，抱箍尽量和电缆垂直。

（五）质量验评

1.电缆敷设位置、排列及固定要符合设计要求，牢固美观。

2.电缆引上位置裕度符合设计要求，端部密封良好。

3.电缆路名及两端相色带（单芯电缆）正确清晰。

4.电缆的弯曲半径应符合要求。

5.电缆敷设过程中牵引力和侧压力应符合设计要求。

6.直埋电缆位置、沟深、沟宽、电缆间距符合设计要求。

7.回填土、电缆盖板符合设计要求。

8.电缆方位标志或标桩正确、齐全。

9.电缆敷设完成后，及时填写敷设记录和相关资料并整理归档，作为工程竣工资料的一部分。

第二节　电力电缆排管及沟道敷设

一、电力电缆排管敷设

（一）施工准备

1.检查施工机具是否齐备，包括放线支架、滑车、牵引绳及其他必须设备等。

2.对参与电缆敷设的施工人员进行安全技术培训，考核不合格者不得上岗。

3.掌握电缆到货情况，对已到货电缆进行校潮试验，记录电缆盘长及盘号，排列敷设顺序。

4.施工前现场施工负责人及有关施工人员应进行现场检查。检查路径情况是否与施工图纸一致，核实所有路径长度、井位，检查拐弯处的弯曲半径、排管内径大小是否符合设计要求，管口过渡是否平滑。

5.进入管井前，检测电缆隧道内的有害及可燃气体含量；气体含量超标要进行通风处理。

6.井口须设置围栏等保护措施。

7.管井内有积水或阻碍路径畅通的废弃物及杂物，要及时清理。

8.电缆穿管前，应用疏通器对孔管道进行疏通检查，清理孔管内杂物。用直径比排管内径略小的钢丝刷刷光排管内壁。

9.复测电缆路径长度及敷设位置，复核电缆接头位置。

10. 临时电源应满足施工所需容量，并且安全、可靠。

11. 电缆与架空线路相连接时，核对电缆与架空线路相位。

（二）布置敷设机具

1. 主要机具包括放线支架、卷扬机、电缆输送机、滑车及一些配套的辅助工具。把电缆盘放在工作井底面较高一侧的工作井外边；如果排管中间有弯曲部分，则把电缆盘放在靠近排管弯曲一端的工作井口，这样做可减少电缆所受的拉力。

2. 在管井内安装直线滑车。

3. 用穿管器将钢丝绳穿好。

4. 在保护管的进、出口处安装管口喇叭口。

5. 对于大截面电缆，可在管井内放置电缆输送机辅助牵引。

（三）敷设电缆

1. 一般采用卷扬机牵引的敷设方法，大截面电缆采用卷扬机加电缆输送机组合牵引的敷设方法。

2. 电缆盘运至施工现场后，检查电缆外观，无问题后方可敷设。

3. 敷设时应注意保持通信畅通，采用载波电话通信方式。在电缆盘、管井等地方安排有经验的人员看护。

4. 电缆盘处设1 ~ 2名有丰富经验人员负责施工，检查外观有无破损，并协助牵引人员把电缆端头顺利送到井口下。

5. 为了减少电缆和管壁间的摩擦力，在电缆进入保护管前，可在电缆表面涂上滑石粉等与其护套不起化学反应的材料来润滑。

6. 电缆穿管时，施工人员搬动电缆头时，手应放在钢丝网套以外。

7. 机械牵引敷设的速度要求不大于15 m/min。

8. 机械牵引采用牵引头或钢丝网套牵引，牵引外护套时，最大牵引力为7 N/mm^2。

9. 机械牵引时，应在牵引头或钢丝网套与牵引钢线绳之间装设防捻器。

10. 敷设过程中，注意电缆的弯曲半径，防止电缆弯曲半径过小损坏电缆。

11. 电缆裕度摆放合理，满足设计要求。

12. 中间接头处两条电缆重叠1.5 m，终端处裕度1 ~ 1.5 m。

13. 电缆就位应轻放，严禁磕碰支架端部和其他尖锐硬物。

14. 敷设后，应检查电缆密封端头是否完好，有问题及时处理。

15. 检查电缆外护套是否损伤，如有损伤采取修补措施。

16. 用记号笔在电缆两端做好路名标记。对于单芯电缆，将相色带缠绕在电缆两端的明显位置。

17.将电缆保护管口封堵严实。

（四）电缆的固定

电缆在管井中每1.5 m用挂钩吊挂一次或用固定金具在电缆支架上固定。

（五）质量验评

1.电缆敷设位置、排列及固定要符合设计要求，牢固美观。

2.电缆引上位置裕度符合设计要求，端部密封良好。

3.电缆路名及两端相色带（单芯电缆）正确清晰。

4.电缆的弯曲半径应符合要求。

5.电缆敷设过程中牵引力和侧压力应符合设计要求。

6.保护管口密封符合设计要求。

7.电缆敷设完成后，及时填写敷设记录和相关资料并整理归档，作为工程竣工资料的一部分。

二、电力电缆沟道敷设

（一）施工准备

1.对参与电缆敷设的施工人员进行安全技术培训，考核不合格者不得上岗。

2.对敷设电缆的施工人员进行技术和安全交底。

3.施工前与隧道运行管理部门办理进入隧道施工手续。

4.进入隧道前，检测电缆隧道内的有害及可燃气体含量；气体含量超标要进行通风处理，合格后方可进入施工。

5.电缆隧道内有积水或阻碍隧道畅通的废弃物，要及时清理。

6.通信联络设备采用有线载波方式。

7.复测电缆路径长度及敷设位置，复核电缆接头位置，编制施工组织设计或安全施工技术措施。

8.施工前，办理各种施工许可手续。

9.工作井口及地面保护严格按照与交通队办理的占地要求执行。井口设围栏等保护。

10.计算施工设备的功率及损耗，满足机械允许的电压降。

11.申请安装施工动力电源及照明，临时电源容量应满足要求，并安全、可靠。

12.电缆与架空线路相连接时，应在双方的施工图纸上核对相位，必要时在施工现场

核对电缆与架空线路相位，确保相位正确。

13.准备好施工用相关工器具。主要机具包括放线支架、电缆输送机、滑车、拐弯滑车及一些配套的辅助工具。

（二）敷设前搭建放线架

1.电缆敷设前根据实际情况需要，应在电缆盘处搭建电缆放线架。

2.放线架应保证安全、牢固可靠，满足电缆弯曲半径要求。

（三）布置敷设机具

1.电缆输送机与滑车搭配使用，根据电缆的型号、规格选取电缆输送机与滑车。

2.一般每隔20 m左右放置一台电缆输送机，每隔3 ~ 4 m放置1个滑车。

3.在隧道内拐弯、上下坡等处应额外增补电缆输送机，并加设专用的拐弯滑车。在比较特殊的敷设地点，应该根据具体情况增加电缆输送机。

4.全部机具布置完毕后，试运转应无问题。

（四）敷设电缆

1.采用人力加电缆输送机组合的敷设方式。

2.敷设时应注意保持通信畅通，在电缆盘、牵引端、转弯处、竖井、隧道进出口终端、放缆机及控制箱等地方设置通信工具。

3.电缆盘运至施工现场后，拆盘、检查电缆外观，无问题后方可敷设。

4.电缆盘处设1 ~ 2名有丰富经验人员负责施工，检查外观有无破损，并协助牵引人员把电缆端头顺利送到井口下。

5.缆盘应配备制动装置，它可以保证在任何情况下能够使电缆盘停止转动，有效地防止电缆受损伤。

6.电缆允许的最大牵引力按照铜芯电缆为70 N/mm^2，铝芯电缆为40 N/mm^{2}考虑。

7.电缆敷设时的侧压力不应大于3 kN/m。

8.电缆敷设的速度要求6 m/min。

9.电缆线路的裕度按照设计要求预留。

10.敷设过程中，局部电缆出现裕度过大情况，应立即停车处理后方可继续敷设，防止电缆弯曲半径过小或撞坏电缆。

11.电缆的弯曲半径一般要满足有关规定和设计要求。

12.对于大截面220 kV电缆，中间接头处两条电缆重叠3 m，中间接头之间距离大于或等于5 m，终端处裕度1 ~ 1.5 m。

13.电缆就位应轻放，严禁磕碰支架端部和其他尖锐硬物。

14.电缆在制作蛇形弯时，严禁用有尖锐棱角铁器撬电缆，可用拿弯机具或手工拿弯，再用木块或拿弯卡子支撑。

15.蛇形的波节、波幅应符合设计要求。

16.检查电缆外电极是否损伤，如有损伤应采取修补措施。

17.每条电缆标示路名，并将相色带缠绕在电缆两端的明显位置。

18.敷设后，应检查电缆密封端头是否完好，有问题及时处理。

19.充沙电缆沟埋设沙土。

（五）电缆固定

1.电缆敷设完毕后，应按设计要求将电缆固定在支架或地面槽钢上。

2.电缆固定的材料一般有电缆固定金具、电缆抱箍、皮垫、防盗螺栓、尼龙绳等。

3.按设计要求调整电缆的波幅，进行电缆的固定，波幅误差 ±10mm。

4.电缆抱箍固定电缆时，橡胶垫要与电缆贴紧，露出抱箍两侧的橡胶垫基本相等；抱箍两侧螺栓应均匀受力，直至橡胶垫与抱箍紧密接触，固定牢固。

（5）电缆抱箍或固定金具尽量和电缆垂直。

（6）电缆悬吊固定按照设计要求执行。

（7）电缆引上固定按照设计要求执行。

（8）电缆固定完成，外护套试验通过后，安装防盗螺母。

（六）质量验评

1.电缆敷设位置、排列及固定应符合设计要求，牢固美观。

2.蛇形敷设的尺寸符合设计要求。

3.电缆引上位置裕度符合设计要求，端部密封良好。

4.电缆路名及两端相色带正确清晰。

5.电缆的弯曲半径应符合要求。

6.电缆敷设过程中牵引力和侧压力应符合设计要求。

7.电缆敷设完成后，对电缆外护套进行绝缘电阻测试和直流耐压试验。如试验未通过，应及时找出电缆外护套破损点，并对破损处外护套进行绝缘密封处理，直到试验合格为止，出具电缆外护套耐压试验报告。

8.电缆敷设完成后，及时填写敷设记录和相关资料并整理归档，作为工程竣工资料的一部分。

第三节　电力电缆竖井敷设及固定方法

一、电力电缆竖井敷设

（一）施工准备

1. 对参与电缆敷设的施工人员进行安全技术培训，考核不合格者不得上岗。

2. 对敷设电缆的施工人员进行安全、技术交底。

3. 进入工作区域前，检测工作区域内的有害及可燃气体含量；气体含量超标要进行通风处理，合格后方可进入施工。

4. 工作区域内有积水或阻碍畅通的废弃物，要及时清理。

5. 查清施工现场的状况、电缆特点，确定敷设方案。选择用卷扬机敷设或电缆输送机敷设，须编制安全技术措施或施工组织设计。

6. 通信联络设备采用有线载波方式。

7. 根据敷设路径和施工方法，准备所需工机具，主要包括放线架子、电缆输送机、卷扬机、滑车及一些配套的辅助工具。

8. 计算使用电缆输送机数量时应注意下列因素，并考虑安全系数：①每台电缆输送机的出力；②电缆长度；③每米电缆的重量；④电缆输送机倒车；⑤电缆输送机夹紧力不同等。

9. 电缆输送机敷设电缆应有电缆输送机上下竖井运输的通道，确定电缆输送机固定的位置，布置电缆输送机。

10. 卷扬机敷设：①卷扬机敷设可分为上引法和下降法两种牵引方法；②上引法是自低端向高端敷设，电缆盘安放在竖井下端，卷扬机在上面，卷扬机和钢丝绳应具有提升竖井全长电缆重力的能力；③下降法是自高端向低端敷设，电缆盘安放在竖井上端，借助电缆自重将电缆自上而下敷设，钢丝绳通过专用卡具与电缆固定，卷扬机将钢丝绳向下松动；④竖井上口应有钢丝绳垂吊位置。

（二）敷设前搭建放线架

1. 电缆敷设前根据实际情况，在电缆盘处搭建电缆放线架。

2. 放线架应保证安全、牢固可靠。满足电缆弯曲半径要求。

（三）布置敷设机具

1. 卷扬机敷设：①卷扬机布置在竖井的上方，钢丝绳与电缆采取专用卡具固定；②在进入竖井处安装专用转弯滑车。

2.电缆输送机敷设：①电缆输送机与滑车搭配使用，根据电缆的型号、规格选取电缆输送机与滑车；②根据电缆牵引力计算结果布置电缆输送机；③在进入竖井处应额外增补电缆输送机，并加设专用的拐弯滑车；④在竖井旁边的平台上，根据竖井的高度和电缆重量在每个平台之间放置一定数量的电缆输送机，电缆输送机垂直放置并与平台地面固定。

（四）敷设电缆

1.在敷设第一条电缆时，应观察放线支架，并根据实际情况进行调整，以满足电缆弯曲半径的要求。

2.电缆由地面下井后，电缆盘看护人员、竖井内的施工人员，应不断地把敷设情况通知电力输送机主控台或卷扬机操作人员，发现问题及时停车。

3.竖井上下口敷设支架应有专人看护，并随时观察，上口看护人员应随时注意滑轮与电缆的受力情况，以防侧压力过大损伤电缆。

4.电缆盘的刹车采用电缆盘支架轴孔刹车或电缆盘边刹车方式，在电缆盘距竖井口很近时，采取两种刹车方式相结合的方法。

5.为防止电缆由于自身重量自由滑落，在每盘电缆即将放完时，应在电缆尾部装设一条反向牵引绳作为应急装置。

6.竖井上端转角滑车处，电缆承受最大侧压力，此处设专人检查，发现问题及时停车解决，防止损坏电缆。

7.电缆允许的牵引力强度铜芯电缆为70N/mm^2，铝芯电缆为40N/mm^2。

8.电缆敷设时的侧压力不应大于3kN/m。

9.卷扬机敷设：①电缆敷设的速度要求4 ~ 6 m/min；②用卷扬机对竖井内电缆进行反向牵引，钢丝绳与卷扬机连接，并每隔一段距离用专用卡具将电缆与钢丝绳固定一次，电缆随钢丝绳一起缓慢进入竖井，卷扬机的最大牵引能力必须大于电缆本身重量的5倍；③在第二、第三平台应设专人检查每个专用卡具是否卡紧，不能有滑脱的现象。④敷设过程认真检查专用卡具是否牢牢固定住电缆。

10.电缆输送机敷设：①电缆敷设的速度要求6 m/min。②向下输送电缆的同时将电缆夹紧，防止电缆突然坠落。③电缆输送机在夹紧电缆后，电缆输送机的输送带会随着与电缆的摩擦，最初的夹紧会有所松动，应设专人把已夹上电缆的电缆输送机再紧一遍，保证电缆输送机的夹紧力。④电缆在竖井内敷设到一定深度时，应让电缆输送机倒转一次，检查电缆是否夹紧；如果电缆与电缆输送机输送带不同步，有滑动现象，应停止施工，检查电缆输送机和所有放电缆设备；如竖井较深电缆输送机倒转可考虑增加次数。

11.电缆的弯曲半径一般要求大于等于20 D（D为电缆外径），如设计有特殊要求以设计为准。

12. 电缆裕度按照设计要求预留。

13. 终端处留裕度 1 ~ 1.5 m。

14. 电缆就位应轻放，严禁磕碰支架端部和其他尖锐硬物。

15. 电缆在制作蛇形弯时，严禁用有尖锐棱角铁器撬电缆，可用拿弯机具或手工拿弯，再用木块或拿弯卡子支撑。

16. 蛇形的波节、波幅应符合设计要求。

17. 检查电缆外电极是否损伤，如有损伤应采取修补措施。

18. 每条电缆标示路名，并将相色带缠绕在电缆两端的明显位置。

19. 敷设后，应检查电缆密封端头是否完好，有问题及时处理。

（五）电缆固定

1. 按设计要求调整电缆的波幅，进行电缆的固定，波幅误差 ± 10 mm。

2. 电缆在敷设完毕后按设计要求要加以固定，应先把竖井内的电缆固定后，再固定其他区段。

3. 电缆抱箍固定电缆时，橡胶垫要与电缆贴紧，露出抱箍两侧的橡胶垫基本相等，抱箍两侧螺栓应均匀受力，直至橡胶垫与抱箍紧密接触，固定牢固。

4. 电缆抱箍或固定金具尽量和电缆垂直。

5. 在固定竖井电缆时，必须系好安全带，脚下要有支撑，必须有人监护，防止高空坠落。

6. 所有竖井内施工人员都应在敷设过程中注意上方工作状态，防止高空坠物伤人。

（六）质量验评

1. 电缆敷设位置、排列及固定要符合设计要求，牢固美观。

2. 蛇形敷设的尺寸符合设计要求。

3. 电缆引上位置裕度符合设计要求，端部密封良好。

4. 电缆路名及两端相色带正确清晰。

5. 电缆的弯曲半径应符合要求。

6. 电缆敷设过程中牵引力和侧压力应符合设计要求。

7. 电缆敷设完成后，对电缆外护套进行绝缘电阻测试和直流耐压试验。如试验未通过，应及时找出电缆外护套破损点，并对破损处外护套进行绝缘密封处理，直到试验合格为止，出具电缆外护套耐压试验报告。

8. 电缆敷设完成后，及时填写敷设记录和相关资料并整理归档，作为工程竣工资料的一部分。

二、电力电缆固定方法

垂直敷设或超过30°倾斜敷设的电缆，水平敷设转弯处或易于滑脱的电缆，以及靠近终端或接头附近的电缆，都必须采用特制的夹具将电缆固定在支架上。其作用在于把电缆的重力和因热胀冷缩产生的热机械力分散到各个夹具上或得到释放，使电缆绝缘护层、终端或接头的密封部位免受机械损伤。

（一）电力电缆的固定方式

电缆的固定方式有挠性固定和刚性固定。

1. 电缆挠性固定

允许电缆在热胀冷缩时产生一定的位移的电缆固定叫挠性固定。电缆蛇形敷设可采取挠性，即将电缆沿平面或垂直部位敷设成近似正弦波的连续波浪形，在波浪形两头电缆用卡具固定，而在波峰（谷）处电缆不装卡具或装设可移动式卡具，在其余部位每米用尼龙绳绑扎一次，使电缆能够小范围自由移动，以此减小电缆内的应力。

蛇形敷设中电缆位移量的控制要以电缆金属护套不产生过分应变为原则，并据此确定波形的节距和宽度。一般蛇形敷设的节距为6～12 m，波形宽度为电缆外径的1～1.5倍，由于波浪形的连续分布，电缆的热膨胀均匀地被每个波形宽度所吸收而不会集中在线路的某一局部。在长跨距桥梁的伸缩间隙处设置电缆伸缩弧，或者采用能垂直和水平方向转动的万向铰链架，在这些场合的电缆固定均为挠性固定。

2. 电缆刚性固定

采用间距密集布置的夹具将电缆固定，两个相邻夹具之间的电缆在重力和热胀冷缩作用下被约束而不能产生位移的固定方式称为刚性固定，适用于截面不大的电缆。当电缆导体受热膨胀时，热机械力转变为内部压缩应力，可防止电缆由于严重局部应力而产生纵向弯曲。

（二）电力电缆固定卡具

1. 卡具的选用

电缆卡具一般采用两半组合结构。用于单芯电缆的卡具，不得以铁磁材料构成闭合磁路。推荐采用铝合金、硬质木料或塑料为材质的卡具。铁制卡具及零部件应采用镀锌制品。

2. 衬垫

在电缆和卡具之间，要加上衬垫。衬垫材料有橡皮、塑料、铅板和木质垫圈，也可

用电缆上剥下的塑料护套。衬垫在电缆和卡具之间形成缓冲层，使得卡具既夹紧电缆又不易夹伤电缆。裸金属护套或裸铠装电缆，以绝缘材料做衬垫，使电缆护层对地绝缘，以免受杂散电流或通过护层入地的短路电流的伤害。过桥电缆在卡具间加弹性衬垫，起减振作用。

3.常用电缆固定卡具

在电缆隧道、电缆沟的转弯处、电缆桥架的两端采用挠性固定方式时，应选用移动式电缆卡具。固定卡具应由有经验的人员安装，宜采用力矩扳手紧固螺栓，松紧程度应基本一致，卡具两边的螺栓要交叉紧固，不能过紧或过松。

第五章 电力电缆附件安装技术

第一节 电力电缆附件种类和安装工艺要求

一、电力电缆附件的种类

（一）35 kV 及以下电力电缆附件的种类

1.按照附件在电力电缆线路中安装位置分类

（1）电缆终端的种类

电缆终端按使用场所不同可分为以下几类：①户内终端。在既不受阳光直射又不暴露在气候环境下使用的终端。②户外终端。在受阳光直射或暴露在气候环境下或二者都存在情况下使用的终端。③设备终端。被连接的电气设备上带有与电缆相连接的相应结构或部件，以使电缆导体与设备的连接处于全绝缘状态。例如，GIS终端，插入变压器的象鼻式终端和用于中压电缆的可分离连接器等。

（2）电缆中间接头的种类

电缆中间接头可以分为以下几类：①直通接头。连接两根电缆形成连续电路的附件。②分支接头。将分支电缆连接到主干电缆上的附件。③过渡接头。把两根不同导体或两种不同绝缘的电缆连接起来的中间接头。

2.按照附件制作原材料分类

（1）预制式附件

应用乙丙橡胶、三元乙丙橡胶或硅橡胶材料，在工厂经过挤塑、模塑或铸造成型后，再经过硫化工艺制成的预制件，在现场进行装配的附件。

（2）热缩式附件

应用高分子聚合物的基料加工成绝缘管、应力管、分支手套和伞裙等部件，在现场经装配、加热，紧缩在电缆绝缘线芯上的附件。

（3）冷缩式附件

应用乙丙橡胶、三元乙丙橡胶或硅橡胶加工成型，经扩张后用螺旋形尼龙条或整体骨

架支撑，安装时抽去支撑尼龙条或整体骨架，绝缘管靠橡胶收缩特性紧缩在电缆线芯上的附件。

（二）110 kV 及以上电力电缆附件的种类及其接地系统的组成

1. 110 kV及以上电力电缆附件的种类

（1）电缆终端的种类

①户外终端（也称敞开式终端）

在受阳光直接照射或暴露在气候环境下，或二者都存在的情况下使用的终端。户外终端主要型式有预制橡胶应力锥终端和硅油浸渍薄膜电容锥终端。按照户外终端套管的类型分为瓷套充油式和硅橡胶复合套管充油式。此外，还有预制橡胶应力锥干式终端。

110 kV、220 kV的高压电缆一般采用预制橡胶应力锥终端。硅油浸渍薄膜电容锥的使用可以满足操作冲击过电压与雷电冲击过电压，一般在330 kV及以上电压等级上采用。户外终端采用电容锥结构的主要原因是为了均匀套管表面电场分布，使得户外终端达到承受较高的耐操作冲击过电压与雷电冲击过电压。随着预制橡胶应力锥终端技术的发展，400 ~ 500 kV电压等级上亦可采用预制橡胶应力锥终端技术。

预制干式终端整体结构上没有刚性的支撑件，机械性能完全依靠电缆的导体和绝缘进行支撑，易产生弯曲形变（大负荷时此种形变更加明显），在线路投切或线路故障时终端要承受电场应力，终端的形变还会加大，长期的形变将导致终端内产生气隙使局部放电量增大进而降低终端使用寿命。但它也具有重量轻及便于安装的优点。

②气体绝缘终端（也称封闭式终端）

安装在气体绝缘封闭开关设备（GIS）内部以六氟化硫（SF_6）气体为外绝缘的电缆终端。GIS终端用预制式终端来进行应力控制，采用乙丙橡胶或硅橡胶制作的应力锥套在经过处理的电缆绝缘上，搭盖绝缘屏蔽尺寸按生产厂家提供的参数，以保证终端内外部的绝缘配合。

③油浸终端（也称封闭式终端）

安装在油浸变压器油箱内以绝缘油为外绝缘的电缆终端。油浸终端是用预制式终端来进行应力控制，采用乙丙橡胶或硅橡胶制作的应力锥套在经过处理的电缆绝缘上，搭盖绝缘屏蔽尺寸按生产厂家提供的参数，以保证终端内外部的绝缘配合。

（2）电缆中间接头的种类

①按照用途不同分类

绝缘接头，将电缆的金属套、接地金属屏蔽和绝缘屏蔽在电气上断开的接头。

直通接头，连接两根电缆形成连续电路的附件。特指接头的金属外壳与被连接电缆的金属屏蔽和绝缘屏蔽在电气上连续的接头。

②按照绝缘结构分类

组合预制绝缘件接头（也称装配式中间接头），是采用预制橡胶应力锥及预制环氧绝缘件现场组装的接头。采用弹簧紧压使得预制橡胶应力锥与交联电缆绝缘界面间、预制橡胶应力锥与预制环氧绝缘件界面间达到一定压力，以保证界面电气绝缘强度。由于采用弹簧机械加压措施，交联电缆外径与预制橡胶应力锥内径可采用较小的过盈配合，预制橡胶应力锥较易套在交联电缆绝缘体上。即使长期运行后预制橡胶应力锥弹性模量有所下降，也可以凭借弹簧紧压而保证界面所需压力。

组合预制绝缘件中间接头的绝缘结构稳定，当对中间接头的保护盒采用紧固定位装置后，即可耐受中间接头两端电缆导体热机械力不平衡的作用。例如电缆从直埋过渡到隧道敷设，或直埋过渡到其他有位置移动的敷设条件。

整体预制橡胶绝缘件接头（也称预制式中间接头），采用单一预制橡胶绝缘件的接头。交联绝缘外径与橡胶绝缘件内径有较大的过盈配合，以保证橡胶绝缘件对交联电缆绝缘界面的压力。要求橡胶绝缘件具有较大的断裂伸长率及较低的应力松弛度，以使橡胶绝缘件不致在安装过程中受损伤，并能在长期运行中不会因弹性降低而松弛，避免了因降低与交联绝缘界面压力而使界面绝缘性能下降的可能。

2. 110 kV及以上交联电缆常用接地系统的组成

110 kV及以上交联电缆接地系统由接地箱、保护接地箱、交叉互联箱、接地极、接地电缆、同轴电缆构成。

（1）接地箱

较短的电缆线路，仅在电缆线路的一侧终端处将金属护套相互连接并经接地箱接地。不接地端金属护套通过保护箱和大地绝缘。

（2）保护接地箱

为了降低金属护套或绝缘接头隔板两侧护套间的冲击电压，应在护套不接地端和大地之间，或在绝缘接头的隔板之间装设过电压保护器，目前普遍使用氧化锌阀片保护器。保护器安装在交叉互联箱和保护箱内。

（3）交叉互联箱

较长的电缆线路，在绝缘接头处将不同相的金属护套用交叉跨越法相互连接。金属护套通过交叉互联箱换位连接。

（4）接地电缆（接地线）的选择

①绝缘要求。接地线在正常的运行条件下，应保持和护层同样的绝缘水平，即具有耐受10 kV直流电压1 min不击穿的绝缘特性。

②截面的选择：考虑高压电缆系统是采用直接接地系统，短路的电流比较大，接地线应选用截面120 mm^2或以上的铜芯绝缘线。

③终端接地的要求：单芯电缆终端接地电阻应不大于0.5 Ω。

二、电力电缆附件安装的技术要求

电缆附件不同于其他工业产品，工厂不能提供完整的电缆附件产品，只是提供附件的材料、部件或组件，必须通过现场安装在电缆上以后才构成真正的、完整的电缆附件。组装在电缆上完整的附件组合统称为电缆头，因此，要保持运行中的电缆附件有良好的性能，与电缆本身具有同等的绝缘水平，不仅要求有设计合理、材料性能良好、加工质量可靠的附件，还要求现场安装工艺正确、操作认真仔细。这就不仅要求从事电缆附件安装工作人员掌握电缆附件的有关知识，而且要有相应的工艺标准来严格控制。

（一）电力电缆附件安装的基本技术要求

1. 导体连接良好

（1）电缆导体必须和出线接触、接线端子或连接管有良好的连接。连接点的接触电阻要求小而稳定。与相同长度、相同截面的电缆导体相比，连接点的电阻比值，新敷设电缆应不大于1.1，经运行后，其比值应不大于1.2。

（2）电缆终端和电缆接头的导体连接试验，应能通过导体温度比电缆允许最高工作温度高5℃的负荷循环试验，并通过1s短路热稳定试验。

2. 绝缘可靠

（1）电缆与电缆之间或与其他电气设备连接时，连接处必须去除电缆的绝缘，一般都须加大连接点的截面和距离等，从而使接头内部的电场分布发生畸变产生不均匀现象，因此在接头内部不但要恢复绝缘，并且要求接头的绝缘强度不低于电缆本体。要有满足电缆线路在各种状态下长期安全运行的绝缘结构，并有一定的裕度。

（2）电缆终端和电缆接头应能通过交、直流耐压试验，冲击耐压试验和局部放电等电气试验。户外终端还要能承受淋雨和盐雾条件下的耐压试验。

3. 密封良好

电缆与电缆之间或与其他电气设备的连接时，连接处电缆的密封被破坏。为了防止外界的水分和杂物侵入，防止电缆或接头内的绝缘剂流失，电缆附件均应达到可靠的密封性能要求。

（1）终端和接头的密封结构，包括壳体、密封垫圈、搪铅和热缩管等。在安装过程中，必须仔细检查，要能有效地防止外界水分或有害物质侵入绝缘，并能防止绝缘剂流失。

（2）为了防止电缆绝缘“水树枝”产生，电缆附件必须采用严格的密封结构。交联电缆本体的防水结构主要有金属护套（如铅护套、铝护套）或复合护套（铝箔和聚合物材料）。对于不同的护层结构，附件安装时，必须采用不同的密封方式来保证电缆在安装投运后，杜绝潮气及其他有害物质的侵入。

4. 足够的机械强度

电缆终端和接头，应能承受在各种运行条件下所产生的机械应力。终端的瓷套管和各种金具，包括上下屏蔽罩、紧固件、底板及尾管等，都应有足够的机械强度。对于固定敷设的电力电缆，其连接点的抗拉强度应不低于电缆导体本身抗拉强度的60%。

5. 防腐蚀

在制作电缆接头时，要使用焊剂、清洁剂、填充物和绝缘胶等材料。这些材料必须是无腐蚀性的，并且在接头部位的表面采取防腐蚀措施，以防止周围环境对接头产生腐蚀作用。

（二）电力电缆附件安装的相关技术要求

1. 常用电缆终端在电气装置方面的规定

（1）电缆终端相位色别。电缆终端应清晰地标注相位色别，即A相黄色、B相绿色、C相红色，并与系统的相位一致。

（2）安全净距。电缆终端的端部裸露金属部件（含屏蔽罩）在不同相导体之间和各相带电部分对地之间，应符合室内外配电装置安全净距的规定值。

2. 35 kV及以下常用电缆附件接地线的规定

当电缆发生绝缘击穿或系统短路时，电缆导体中的故障电流，将通过电缆金属屏蔽层导入大地，为了人身和设备的安全，在电缆终端和接头处必须按规定装设接地线。在电缆终端和接头处，将电缆终端和接头的金属外壳、电缆金属屏蔽层、铠装层、电缆的金属支架，采用接地线或接地排接地。接头的金属屏蔽层和铠装层，须用等位连接线联通。

电缆终端接地线和接头的等位连接线，一般采用25 mm^2镀锡铜编织线。接头处的两端金属屏蔽层还须增加铜网连接。

在6 ~ 10 kV的电缆线路中，电缆采用零序保护时，当电缆接地点在零序电流互感器以下时，接地线应直接接地；当电缆接地点在零序电流互感器以上时，该接地线应采用绝缘线并穿过零序电流互感器接地。

3. 35 kV及以下常用电缆中间接头的防腐蚀和机械保护要求

在制作电缆接头时，由于工艺方面的需要，必须剥去一段电缆外护套和铠装层，应有适当材料替代原电缆外护层，作为防蚀和机械保护结构。

（1）常用防腐蚀材料有：一种是铠装带；另一种是热收缩管，两端用防水带正搭盖绕包两层，再包自黏性橡胶带一层。

（2）电缆接头的机械保护。直埋电缆常用的接头机械保护材料是钢筋混凝土保护

盒，盒内空隙填充细黏土或细沙。新型的接头保护盒以硬质塑料或环氧玻璃钢制造，这种保护盒由于结构紧凑、重量轻，受到使用者欢迎。

第二节　电力电缆附件安装的基本操作

一、电力电缆的剥切

（一）电力电缆剥切的内容

电缆的剥切是电力电缆附件安装的重要步骤。电缆附件安装之前，需要按照规定的尺寸剥切电缆的护套、铠装（铝护套）、绝缘屏蔽、绝缘等部分。

（二）电力电缆剥切专用工器具

电缆剥切专用工器具一般适用于66 kV及以上的电力电缆，用来制作电缆接头或终端使用。当剥除塑料外护套时，不得伤及金属护套；当剥除电缆绝缘屏蔽时，不能损伤主绝缘；当切削绝缘层或削制反应力锥时，不能损伤电缆导体。以上切削操作，须使用一些专用工具。

1. 剖塑刀

剥切电缆塑料外护套，除用一般刀具剥切外，还可用专用工具，即剖塑刀，也称钩刀或护套剥切刀。剖塑刀的下端有一底托，使用时将底托压在护套内，用力拉手柄，以刀刃切割塑料外护套。

2. 切削刀

切削刀也称绝缘屏蔽剥切刀，它是用来切削交联聚乙烯绝缘和绝缘屏蔽层的专用工具，有可调切削刀和不可调切削刀两种。可调剥切刀可切除电缆的绝缘屏蔽、绝缘、制作反应力锥。不可调剥切刀只能切除电缆的绝缘。使用切削刀要先根据电缆绝缘厚度和导体外径对刀片进行调节，切削绝缘层应使刀片旋转直径略大于电缆导体外径；切削绝缘屏蔽层，应略大于电缆绝缘外径。在切削绝缘层时，将绝缘层和内半导电层同时切前，再调节刀具，以保留此段内半导电层。为了防止损伤电缆导体，应嵌入内衬管，对导体加以保护。

切削反应力锥卷刀工具实际上是仿照削铅笔的卷刀制成的。使用时，为了避免在切削过程中损伤导体和内半导电层，应在导体外套装一根钢套管，并根据电缆截面积和绝缘厚度，调节好刀片的位置，然后以螺丝固定之。反应力锥切削好后，再用玻璃片修整，并用细砂纸对其表面进行打磨处理。

（三）电缆剥切方法及工艺要求

1.剥切工艺一般要求

（1）严格按照工艺尺寸剥切。每一步剥切，均须用直尺量好尺寸，并做好标记，尺寸误差控制在允许的公差范围内。

（2）剥切过程层次要分明。在剥切外层时，切莫划伤内层结构，特别是不能损伤绝缘屏蔽、绝缘层和导体。

2.剥切顺序

剥切电缆是附件安装中的第一步。剥切顺序应由表及里、逐层剥切。从剥去电缆外护套开始，依次剥去铠装层（或金属护套）、内衬层、填料、金属屏蔽层、外半导电层、绝缘层及内半导电层。对于绝缘屏蔽层为不可剥的交联聚乙烯电缆，应用玻璃片或可调剥切刀小心地刮去外半导电层。在电缆端部，为完成导体连接而剥切绝缘层后，再按工艺尺寸制作反应力锥。

3.电缆剥切方法

（1）剥切外护套

剥除塑料外护套，先将电缆末端外护套保留100 mm，防止钢甲松散。然后按规定尺寸剥除外护套，要求断口平整。

（2）剥切钢带铠装（铝护套）

按规定尺寸在钢甲上绑扎铜线，绑线的缠绕方向应与钢甲的缠绕方向一致，使钢甲越绑越紧不致松散。绑线用直径2.0 mm的铜线，每道3 ~ 4匝。锯钢铠时，其圆周锯痕深度应均匀，不得锯透而损伤内护套。剥钢带时，应先沿锯痕将钢带卷断，钢带断开后再向电缆端头剥除。

对于高压单芯电缆的铝护套，从剥切点开始沿铝护套的圆周小心环切铝护套，并去掉切除的铝护套。要求不得损伤内衬层，打磨铝护套断口，去除毛刺，以防损伤绝缘。

（3）剥切金属屏蔽层

应按接头工艺图纸的要求进行如下操作：①在应保留的铜屏蔽带断口处用焊锡点焊；②用直径1.0 mm铜线在应剥除金属屏蔽层处临时绑两匝；③轻轻撕下铜屏蔽带，断口要整齐，无尖刺或裂口；④暂时保留铜绑线，在热缩应力控制管或包缠半导电屏蔽带前再拆除，以防止铜屏蔽带松散；⑤当保留的铜屏蔽带裸露部分较长时，应隔一定的距离用焊锡点焊，以防止铜屏蔽带松散。

（4）剪切半导电层

半导电屏蔽层分为可剥离和不可剥离两种，35 kV及以下电缆为可剥离型（35 kV根据用户要求也可为不可剥离型），110 kV及以上电缆必须为不可剥离型。

①剥除可剥离的挤包半导电层。用聚氯乙烯黏带在应保留的半导电层上临时包缠一圈做标记，用刀横向划一环痕，再纵向从环痕处向末端用刀划3 ~ 4道竖痕，注意不应伤及绝缘层。用钳子从末端撕下一条或多条半导电层，然后全部剥除，并拆除临时包带。半导电层切断口应平整，且不应损伤绝缘层。

②剥除不可剥离的挤包半导电层。用聚氯乙烯黏带在应保留的半导电层上临时包缠一圈做标记，用玻璃片或可调剥切刀将应剥除的半导电层刮除，注意不应损伤绝缘层，并按工艺要求在屏蔽断口处形成一带坡度的过渡段。

二、电力电缆常用带材的绕包

（一）常用带材的种类及性能

电力电缆附件安装中经常用到的带材有绝缘带、半导电带、防水带和防火带等。

1.绝缘带

绝缘带材是制作电缆终端和接头的辅助材料，用作增绕和填充绝缘。

（1）自黏性绝缘带

自黏性绝缘带是以硫化或局部硫化的合成橡胶（丁基橡胶或乙丙橡胶）为主体材料，加入其他配合剂制成的带材，主要用于挤包绝缘电缆接头和终端的绝缘包带。使用时，一般应拉伸100%后包绕，使其紧密地贴附在电缆上，产生足够的黏附力，并成为一个整体。由于在层间不存在间隙，因而也具有良好的密封性能。自黏性橡胶绝缘带一般厚度为0.7 mm，宽20 mm，每卷长约5 m，产品储存期为2年。

（2）PVC绝缘胶带

PVC绝缘胶带是以软质聚氯乙烯（PVC）薄膜为基材，涂橡胶型压敏胶制造而成，具有良好的绝缘、耐燃、耐电压、耐寒等特性，适用于绝缘保护等。

在电缆中间接头制作时，为减少气隙的存在，在复合管两端包绕密封胶后，将凹陷处填平，使整个接头呈现一个整齐的外观，使用PVC胶带缠绕扎紧。

PVC绝缘胶带使用前应清洁被保护部位表面并磨砂处理。再去掉隔离纸，充分拉伸复合带，涂胶层面朝被包覆表面，以半搭盖式绕包。一般在正常情况下，贮存期5年。

2.半导电带

（1）半导电自黏带

半导电自黏带的主要特点是电阻系数很低，要求不超过103 Ω·m，在6 ~ 35 kV电缆接头和终端中起调整电场分布而不使场强局部集中作用。一般是在橡胶类弹性体中掺入大量的导电炭黑，并辅以其他相应组分而形成。

（2）电应力控制带

电应力控制带是一种可以显著简化6 ~ 35 kV电缆附件结构、简化制作程序、节约成本和工时的材料。电应力控制带使用在电缆终端和接头上时，由于其自身独特的电性能参数——特别大的介电常数和适中的体积电阻率，而只要在电缆终端或接头的外半导电层断口形成一定长度的管状，就可以明显改善电缆终端或接头的局部电场集中现象，不再需要借助应力锥的作用。

电应力控制带是在适当的高分子主体材料中（满足自黏带性能基本要求），掺入大量能调整材料介电常数和体积电阻率的特种组分而构成的。

3.防水带

防水带用于交联电缆附件制作中，起绝缘、填充、防水和密封作用。防水带具有高度黏着性和优异的防水密封性能，同时还具有耐碱、酸、盐等化学腐蚀性。防水带材质较软，不能单独使用，外面还需要其他带材进行加强保护。

4.防火带

防火包带分两类：一类是耐火包带，除具有阻燃性外，还具有耐火性，即在火焰直接燃烧下能保持电绝缘性，用于制作耐火电线电缆的耐火绝缘层，如耐火云母带；另一类是阻燃包带，具有阻止火焰蔓延的性能，但在火焰中可能被烧坏或绝缘性能受损，用作电线电缆的绕包层，以提高其阻燃性能，如玻璃丝带、石棉带或添加阻燃剂的高聚物带、阻燃玻璃丝带、阻燃布带等。

5.铠装带

铠装带又称铠甲带、装甲带，是一种高科技产品，系用高分子材料和无机材料复合而成的高强度结构材料，适用于电力电缆、通信电缆接头铠装保护，电力电缆护套的修补，通信充气电缆或非充气电缆护套损坏的修复，也适合各类管道的修复。铠装带的技术特点如下：①电气绝缘性能好；②机械强度高，固化后可形成极佳的、像钢铁一般坚韧的铠装层；③单组分包装，可操作性好，适应各种形状的成形；④室温固化，无需明火。

（二）带材绕包方法及工艺要求

1.绕包前将电缆绕包部位清洁干净，避免有杂质存在，影响胶带的操作与效果。

2.要求均匀拉伸100%，使其层间产生足够的黏合力，并消除层间气隙。

3.采用半重叠法绕包。

4.绕包厚度按照附件安装工艺要求执行。

5.绕包结束后，用双手挤压绕包部位，直至完全自黏。

（三）带材绕包注意事项

1. 绕包绝缘带时应保持环境清洁。

2. 室外施工现场应有工作棚，防止灰尘或水分落入绝缘内。

3. 绕包绝缘带的操作者应戴乳胶或尼龙手套，以避免汗水沾到绝缘上。

4. 自黏性绝缘带使用前应检查外观是否完好。

5. 有质量保证期限规定的自黏性绝缘带应注意是否超过保质期。

6. 注意湿度、温度等应达到规定要求。

三、电力电缆附件的密封

（一）电力电缆附件的密封工艺

电缆安装时，为了防止外界水分或有害物质进入电缆内部，电缆附件必须具有完善而可靠的密封，这对于确保电缆附件的绝缘性能是极其重要的。电缆附件密封工艺的质量，在很大程度上决定了电缆附件的使用寿命。电缆附件常用密封工艺有以下几种：

1. 搪铅

搪铅工艺应用于电缆附件的金属外壳与电缆金属护套之间的密封。搪铅是借助燃烧器的火焰，将金属部件和电缆金属护套局部加热，在铅封焊料呈半固体状态下，通过手工加工成型，从而形成金属密封结构。

2. 橡胶密封

橡胶密封在电缆附件中应用很广泛。橡胶密封是将一定形状和一定厚度的橡胶制品，置于电缆附件的两个连接部件之间，或者放置在进线套管与电缆护套之间，通过紧固件施加适当的压力，使橡胶产生弹性变形，从而起到密封效果。

对橡胶密封材料有以下性能要求：①橡胶的永久变形要小；②橡胶件的几何尺寸应符合设计要求。例如，进线套管橡胶密封圈的内径要随电缆金属护套的外径大小而选用，密封圈内径不得大于电缆金属护套外径 3 mm。

橡胶密封件形式有平橡胶圈、成型橡胶圈、圆橡胶圈和螺旋状橡胶圈等种类。

3. 环氧树脂密封

环氧树脂对金属有较强的黏合力，应用这一特性，在电缆附件的金属外壳与电缆金属护套之间，可采用浇注环氧树脂复合物或以无碱玻璃丝带与环氧树脂涂料组合绕包的办法，组成环氧树脂密封结构。

采用环氧树脂密封，必须严格清除金属表面的油污。另外，将金属表面打毛可以增强环氧树脂对它的黏合力。

4.绕包自黏性带材和热收缩护套管密封

在电缆附件连接处，应用自黏性橡胶带或自黏性塑料带绕包成一定形状，即具有密封效果，这是一种简易而实用的密封方式。热收缩护套管的密封方式在交联聚乙烯电缆附件中被广泛采用，也可用于油纸-交联过渡接头。热收缩护套管内壁应涂热熔胶，热熔胶能使热收缩护套管在加热收缩后界面紧密结合，增强密封、防漏和防潮效果。

在热缩之前必须将热收缩护套管及其被覆盖的电缆附件和电缆外护套表面擦拭干净，不得有残留油污或杂物。

热收缩护套管的热缩操作，应使用装上热缩喷嘴的液化气喷枪。喷枪火焰应是内层呈蓝色，外层呈黄色。注意火焰要散开，使热缩管温度达到120 ~ 140℃。同时要注意火焰方向，一般以控制火焰与热收缩护套管轴线呈45°夹角为宜。应沿着圆周方向均匀加热，缓慢向前推进，加热时必须不断移动火焰，不得对准局部位置加热时间过长。热收缩护套管热缩后表面应光滑、平整，无烫伤痕迹，内部不夹有气泡。

热收缩的其他部件，如热收缩绝缘管、热收缩半导电管、热收缩应力控制管，以及预制式电缆接头中的硅橡胶预制件等，它们与被覆盖物均要求能紧密结合，实际上也兼有密封作用。

（二）搪铅操作和铅封焊条使用的注意事项

1.搪铅操作

搪铅是电缆工的基本操作技能之一。电缆工在通过专门训练和反复实践后，应熟练掌握搪铅操作技术。要求搪铅操作做到以下几点：①铅封要与电缆金属护套和电缆附件的铜套管紧密连接，铅封致密性要好，不应有杂质和气泡；②搪铅时要掌握好温度，时间要短，温度不能过高，不能损伤电缆绝缘；③搪铅圆周方向应厚度均匀，外形要美观。

搪铅操作有触铅法和浇铅法两种。触铅法是以燃烧器加热铅封部位，同时熔化铅封焊条，将其粘牢于铅封部位，然后继续加热，用揩布将铅封加工成型。浇铅法是将铅封焊条在铅缸中加热熔化，用铁勺舀取，浇在铅封部位，然后经加工成型。浇铅法成型速度快，铅封黏合紧密，搪铅时间大为缩短。

搪铅操作时用的燃烧器有汽油喷灯和丙烷液化气喷枪两种。在有条件的地方，应尽量采用液化气喷枪。液化气喷枪与燃料储存罐分离，使用轻巧，火力充足，可缩短搪铅时间。而且喷枪火焰纯净，不含炭粒，有利于保证搪铅质量。

2.铅封焊条

为了在搪铅过程中不烧坏电缆内部绝缘，要求铅封焊料的熔化温度不能过高。铅锡合金是理想的铅封焊料。铅的熔点是327℃，锡的熔点是232℃，铅封焊条是以铅65%和锡35%的配比制成的铅锡合金，在180 ~ 250℃的温度范围内呈半固体状态，也就是类似糯

糊状态，这样的铅锡合金有较宽的可操作温度范围，是比较适宜进行搪铅操作的。经验表明，如果含锡量太少，则搪铅时不容易搪成形；但如果含锡量太多，焊料成糯糊状的温度范围缩小，则可搪铅的时间太短，容易造成铅锡分离。

铅封焊条可从市场上购买，也可自行配制。配制方法是：按65%纯铅、35%纯锡的质量进行配比，将铅块放在铁制铅缸中加热熔化，再加入锡，待锡全部熔化后，将温度维持在260℃左右。为防止铅锡表面氧化，可在铅缸上盖一层稻草灰。

经过搅拌均匀后，即可将铅锡料用铁勺舀到特制模具中，即成铅封焊条。在配制过程中，要注意充分搅拌，使铅锡均匀混合，要避免二者分层。还要注意投入液态铅中的锡块，以及进入铅锡溶液的搅拌棒、铁勺等物必须经烘干，表面不得沾有水分。否则，当水分遇到液态铅锡时突然汽化，会引起铅锡液飞溅，以致烫伤周围人员。

（三）交联电缆波纹铝护套的搪铅操作步骤

波纹铝护套电缆搪铅操作的特点在于铅封焊料不能直接搪在铝护套表面，必须先在铝护套表面均匀地涂上一层焊接底料，然后用铅封焊料填平“波谷”，形成一道“底铅”。具体操作步骤如下。

1.处理铝护套表面

剥除塑料外护套后，推荐使用液化气喷枪为燃烧器，均匀烘热铝护套，用纯棉布清除铝护套表面油污，然后用清洁的白布蘸汽油或三氯乙烯溶剂清洁。清洁后，铝护套表面应保持光亮，特别是即将搪上“底铅”的部位不能沾上污物，不可用手触摸。

2.涂焊接底料

铝护套电缆搪铅用焊接底料以锌锡为主要成分，所以称为锌锡合金底料，其中含有12%的锌，另有少量的银。锌能够和铝形成表面共晶合金，而锡能够使焊接底料熔点降低，流动性较好。

涂焊接底料的方法一般称“摩擦法”，其步骤是：①用钢丝刷沿波纹圆周方向把铝护套表面刷亮，以清除表面的氧化铝膜。②烘热铝护套，涂第一道焊接底料，要涂得均匀。操作时，注意用燃烧器烘热铝护套，不要将火焰直接烧熔焊接底料。③用燃烧器烘热铝护套，用钢丝刷顺圆周方向刷第二遍，使表面有金属光泽。④涂第二道焊接底料。第二道焊接底料一定要全部涂到，不能有遗漏。⑤用钢丝刷刷第三遍，使铝护套表面有一层均匀的锌锡镀层。

3.搪“底铅”

用触铅法在涂好焊接底料的铝护套上加铅封焊料，应加得上下均匀。一般波纹铝护套交联聚乙烯电缆底铅长度180 mm，底铅厚度控制在填满波谷后有3 ~ 5 mm。铅封焊料加好后，搪铅时，燃烧器烘热面积要大，揩布要呈大圆周运作（在运用钢丝刷和涂焊接底料时也应如此）。搪铅时，要揩过底部，避免分离的锡留在下面。

铝护套电缆在底铅搪好之后，即可按上述的方法搪铅。在搪铅完毕后，应检查铅封与铝护套交界处是否密封良好，在封焊中留存的残渣或毛刺必须清除。为了防止铝护套在搪铅处产生电化腐蚀，应对搪铅处铝护套加以良好的防水护层，例如绕包环氧树脂涂料加玻璃丝带2 ~ 3层等。

四、电力电缆接地系统安装

（一）接地箱、接地保护箱和交叉互联箱的安装

1.接地箱、接地保护箱、交叉互联箱的结构及作用

接地箱主要由箱体、绝缘支撑板、芯线夹座、连接金属铜排等零部件组成，适用于高压单芯交联电缆接头、终端的直接接地。

接地保护箱主要由箱体、绝缘支撑板、芯线夹座、连接金属铜排、护层保护器等零部件组成。适用于高压单芯交联电缆接头、终端的保护接地，用来控制金属护套的感应电压，减少或消除护层上的环形电流，提高电缆的输送容量，防止电缆外护层击穿，确保电缆的安全运行。

交叉互联箱主要由箱体、绝缘支撑板、芯线夹座、连接金属铜排、电缆护层保护器等零部件组成。适用于高压单芯交联电缆接头、终端的交叉互联换位保护接地，用来限制护套和绝缘接头绝缘两侧冲击过电压升高，控制金属护套的感应电压，减少或消除护层上的环形电流，提高电缆的输送容量，防止电缆外护层击穿，确保电缆的安全运行。

箱体采用高强度不锈钢，机械强度高，密封性能好，且具有良好的阻燃性、耐腐蚀性；其内部接线板采用铜板镀银制成，导电性能优良；护层保护器采用ZnO压敏电阻作为保护元件，护层保护器外绝缘采用绝缘材料制成，电气性能优越，密封性能好，具有优良的伏安曲线特性。

2.接地箱、接地保护箱、交叉互联箱的安装方法和要求

电缆接地系统包括电缆接地箱、电缆接地保护箱（带护层保护器）、电缆交叉互联箱等部分。一般容易发生的问题主要是因为箱体密封不好进水导致多点接地，引起金属护层感应电流过大。所以箱体应可靠固定，密封良好，严防在运行中发生进水。

（1）安装方法

交叉互联换位箱、接地箱按照图纸位置安装；螺丝要紧固，箱体牢固、整洁、横平竖直。根据接地箱及终端接地端子的位置和结构截取电缆，电缆长度在满足需要的情况下，应尽可能短。

①安装接地箱、接地保护箱

按安装工艺要求剥除电缆两端绝缘，压好电缆一端的接线端子，再将电缆另一端穿入接地箱的芯线夹座中，拧紧螺栓。接地电缆应排列一致，严禁电缆交叉，注意将电缆与接地箱和终端接地端子连接牢固。安装密封垫圈和箱盖，箱体螺栓应对角均匀，逐渐紧固。按照安装工艺的要求密封出线孔。在接地箱出线孔外缠相色，应一致美观。接地电缆的接地点选择永久接地点，接触面抹导电膏，连接牢固。接地采用圆钢，焊接长度应为直径的6倍，采用扁钢应为宽度的2.5倍。接地圆钢、扁钢表面按要求涂漆。

②安装交叉互联箱

确认护层保护器的型号和规格符合设计要求且试验合格、完好无损。

交叉互联系统通常采用相应截面的同轴电缆。根据绝缘中间接头的结构，按安装工艺，剥除屏蔽线绝缘护套，压好屏蔽线接线端子；剥除同轴电缆线芯绝缘，压好线芯导体接线端子；导体压接后，表面要光滑、无毛刺；与绝缘中间接头的接线端子连接。将交叉互联电缆穿入交叉互联箱，按要求剥切绝缘露出线芯，线芯表面要光滑、无毛刺，与接线端子连接；根据交叉互联换位箱内部尺寸，去除多余的屏蔽导体，固定屏蔽导体。重复上述步骤，将三相交叉互联换位电缆连接好，应一致美观。注意整个线路的交叉互联箱的相位必须一致。安装密封垫圈和箱盖，箱体螺栓应对角均匀，逐渐紧固。按照安装工艺的要求密封出线孔。在交叉互联箱出线孔外缠相色，一致美观。接地电缆的接地点选择永久接地点，接地面抹导电膏，连接牢固。接地采用圆钢，焊接长度应为直径的6倍，采用扁钢应为宽度的2.5倍。接地圆钢、扁钢表面按要求涂漆。

（2）安装要求

①安装应由经过培训的熟悉操作工艺的人员进行。

②仔细审核图纸，熟悉电缆金属护套交叉互联及接地方式。

③检查现场应与图纸相符。终端及中间接头制作完毕后，根据图纸及现场情况测量交叉互联电缆和接地电缆的长度。

④检查接地箱、接地保护箱、交叉互联箱内部零件应齐全。

⑤确认交叉互联电缆和接地电缆符合设计要求。

（二）同轴电缆的结构及作用和安装要求

1.同轴电缆的结构

同轴电缆是指有两个同心导体，而两个导体又共用同一轴心的电缆。内层绝缘采用交联聚乙烯，外绝缘护套采用聚氯乙烯或聚乙烯。

2.同轴电缆的作用

同轴电缆主要用于电缆交叉互联接地箱、接地箱和电缆金属护层的连接。由于同轴电缆的波阻抗要远远小于普通绝缘接地线的波阻抗，与电缆的波阻抗相近，为减少冲击过电压在交叉换位连接线上的压降，减少冲击波的反射过电压，应尽量用同轴电缆代替普通绝缘接地线。

（三）同轴电缆的安装

1.技术要求

（1）同轴电缆的绝缘水平不得小于电缆外护套的绝缘水平，截面应满足系统单相接地电流通过时的热稳定要求。

（2）电缆线芯连接金具，应采用符合标准的连接管和接线端子，其内径应与电缆线芯紧密配合，间隙不应过大：截面宜为线芯截面的1.2 ~ 1.5倍。采用压接时，压接钳和模具应符合规格要求。

2.安装要求

（1）电缆线芯连接时，应除去线芯和连接管内壁油污及氧化层。

（2）压接模具与金具应配合恰当。压缩比应符合要求。

（3）压接后应将端子或连接管上的凸痕修理光滑，不得残留毛刺。采用锡焊连接铜芯，应使用中性焊锡膏，不得烧伤绝缘。

（4）由于同轴电缆的内外导体之间有不低于电缆外护套的绝缘水平绝缘要求，在与接地箱和换位箱连接时，内外绝缘的剥切长度必须保证绝缘的要求，并绝缘良好。

（5）内外导体分支时，应不得损伤内外导体，外导体应排列整齐。分支处应使用分支手套，密封良好，绝缘满足要求。

（6）电缆与箱体要采用自黏带、黏胶带、胶黏剂（热熔胶）等方式密封。

（7）塑料护套表面应打毛，黏结表面应用溶剂除去油污，黏结应良好。

五、电力电缆线芯的连接

电缆附件安装工艺的基本要求之一是导体连接良好，这包括中间接头安装中的接管与电缆线芯的连接和终端安装中的接线端子与电缆线芯的连接。

（一）电力电缆线芯连接方法

电缆线芯的连接一般采用压缩连接、机械连接、锡焊连接和熔焊连接等方法。

1.压缩连接

压缩连接简称压接，它是以专用工具对连接金具和导体施加径向压力，靠压应力产生塑性变形，使导体和连接金具的压缩部位紧密接触，形成导电通路。压缩连接是一种不可拆卸的连接方法。

按压接模具形状不同，压缩连接分局部压接和整体压接两类。局部压接又叫点压或坑压，整体压接又叫围压或环压。

2.机械连接

机械连接是靠旋紧螺栓、扭力弹簧或金具本身的楔形产生的压力，使导体和连接金具相连接的方法。这种连接方法是可拆卸的。机械连接的优点是工艺比较简单，它适用于低压电缆的导体连接。

机械连接的一种常用形式是应用连接线夹。这种连接金具是通过拧紧螺栓、对线夹和导体的接触面施加一定压力，以增加接触面积，减小接触电阻。

线夹和导体的接触面有时采用螺纹状结构，在拧紧螺栓时，能够使其紧紧“咬住”导体表面，以达到良好的导电和机械性能。拧紧线夹螺栓，应使用力矩扳手，使连接线夹与导体之间达到合适的紧固力。

3.锡焊连接

使用开口或有浇注孔的镀锡金具（连接管或出线梗），将熔化的焊锡（成分是锡、铅，各50%）填注在导体和金具之间，从而完成导体和金具连接的方法称为锡焊连接。锡焊是“钎焊”的一种，是古老的铜导体连接方法。

用于锡焊连接的连接管，通常叫作弱背式连接管。连接管有轴向开口槽，在管壁内有与开口槽对应的槽沟，焊接时可将连接管拉开以利焊料流入填充。锡焊连接要求焊料填充饱满，避免在连接管内形成空隙。

锡焊连接的缺点是其短路允许温度只有120℃，如温度过高，有引起焊锡熔化流失以至接点脱焊的危险。所以，短路允许温度比较高的交联聚乙烯电缆，不宜采用锡焊连接。

4.熔焊连接

应用焊接设备或焊料燃烧反应产生高温将导体熔化，使导体相互熔融连接，这种连接方法称为熔焊连接。熔焊连接包括利用电焊机的电弧焊、利用棒状焊料对接的摩擦焊（可用于铜铝过渡连接），以及铝热剂焊。应用于大截面铝导体的氧弧焊，也是一种熔焊连接技术。

铝热剂熔焊是一种比较简便的熔焊连接方法。这种熔焊方法，又称“药包焊”，不需要专用焊接设备，而是利用置于特制模具中的粒状氧化铜和铝，经点燃后产生激烈化学反应，生成铜和氧化铝，同时放出大量的热。使特制模具中的温度迅速上升到2 500℃左右，从而产生液态铜，使电缆铜导体完成焊接，氧化铝渣则浮在表面。铝热剂熔焊操作时，会产生一股呛人的烟雾，必须采用强制排风将其驱散。

5.触头插拔连接方法

随着城市电网电缆化进程的快速发展，电力电缆线路安全运行是保障供电可靠性的关键。由于电缆线路运行中的突发故障，需要在电缆线路完全停电的状况下，用较长的时间测寻和修复故障，恢复供电的时间难以有效控制，最终造成停电时间长、电网供电可靠性下降，因此有必要探讨带电作业旁路系统，能够在很短的时间内，构建一套临时供电系统，在不间断供电状态下，确保故障段电缆线路安全快捷完成抢修工作的同时，向沿线用户保持不间断临时供电。该旁路系统必须安全、可靠，且安装简单、方便。在很短时间内，通过现场带电作业，安装积木式组件，快速调整旁路线路长度和供电分支数量，有效跨接故障线路段，保证对用户临时用电的安全可靠。

带电作业旁路系统最早应用于10 kV架空绝缘线路故障抢修。它是一种由旁路电缆、旁路接头、旁路开关，以及相关辅助器材和设备组成的临时输电系统。该系统在我国的上海、浙江等地得到应用。这种旁路作业系统，应用于电缆线路不停电故障抢修、缺陷处理、例行维护的条件基本具备。

电缆线路旁路作业系统暴露在大气环境中运行，且因为其敷设方式的临时性，时常会影响邻近人口密集和交通密集区域，其安全、可靠性能显得尤为重要。基于插拔式快速终端和接头位置的电场严重畸变，是绝缘性能最为薄弱的环节，因此，其绝缘结构设计、界面压强和电场控制及制造质量，直接关系到线路旁路作业系统安全、可靠运行。

其次，线路旁路作业系统中插拔式终端和接头，要求具有插拔1 000次的使用寿命，在1 000次插拔过程中，接头材料会产生大量磨损。这种磨损会使界面配合尺寸发生变化，界面压强减小，所以沿面放电的电压值也会随之降低，产品轴向沿面击穿的概率升高。

电缆插拔式快速终端和接头绝缘结构是典型的固体复合介质绝缘结构，界面沿面放电与界面压强和界面状态密切相关。设计插拔式快速终端和接头绝缘组件，以消除或减少材料界面损耗，应首选锥形（俗称推拔形）主绝缘结构，以减小插拔阻力，利用斜面力学原理提高界面正压强，同时在插拔过程中快捷地排除界面气隙。提高模具的配合精度和表面光洁度，保证产品表面平整光滑，界面配合准确完好。每次插拔时均应涂抹润滑剂以降低界面摩擦系数，避免表面磨损，使得产品经历1 000次插拔后仍具有足够的过盈量，以保证界面始终保持足够的界面压强。

插拔式快速终端和接头的触头可采用表带触头设计，表带触头的特点有：体积小，结构简单，不需要压紧弹簧；接触点多，导电能力强，额定电流可达到500 A；动稳定性及热稳定性都非常高；在插拔多次后仍能保证接触良好，不会出现发热现象。

（二）电力电缆线芯的压缩连接（压接）

压缩连接（压接）是目前应用最广泛的电缆线芯连接方法。

1.压接方法和原理

将要连接的电缆线芯穿进压接金具（接管或接线端子）。在压接金具外套上压接模

具，使用与压接模具配套的压接钳，应用杠杆或液压原理，施加一定的机械压力于压接模具，使电缆线芯和压接金具在连接部位产生塑性变形，在界面上构成导电通路，并具有足够机械强度。

2.压接工具及材料

（1）压接钳

压接钳主要有机械压接钳、油压钳和电动油压钳等种类。对压接钳的要求是，第一应有足够的压力，以使压接金具和电缆线芯有足够的变形；第二应轻便，容易携带，操作维修方便；第三要求模具齐全，一钳多用。

①机械压接钳。机械压接钳是利用杠杆原理的导体压接机具。机械压接钳操作方便，压力传递稳定可靠，适用于小截面的导体压接。

②油压钳。油压钳是利用液压原理的导体压接机具。常用油压钳有手动油压钳和脚踏式油压钳两种。

油压钳中装有活塞自动返回装置，即在活塞内有压力弹簧。在压接过程中，压力弹簧受压，当压接完毕，打开回油阀门，压力弹簧迫使活塞返回，而油缸中的油经回油阀回到储油器中。

手动油压钳比较轻巧，使用方便，适用于中、小截面的导体压接。脚踏式油压钳钳头和泵体分离，以高压耐油橡胶管或紫铜管连接来传递油压。这种压接钳的钳头可灵活转动，出力较大，适用于较大截面的导体连接。

③电动油压钳。电动油压钳包括充电式手提电动油压钳和分离式电动油压钳。充电式手提电动油压钳具有重量轻、使用方便的优点，但是价格较贵，压力不会太大。

分离式电动油压钳由高压泵站与钳头组成，通过高压耐油橡胶管将压力传递到与泵体相分离的钳头。适用于高压大截面电缆的导体压接。这种压接钳出力较大，有60 T、100 T、125 T、200 T等系列产品，其模具一般用围压模，形状有六角形、圆形和椭圆形。

（2）压接模具

压接模具的作用是，在压接钳的工作压力下促使导电金具和电缆导体的连接部位产生塑性变形，在界面上构成导电通路并具有足够机械强度。当压模宽度及压接钳压力一次不能满足压接需要时，可分多次压接。

压接模具有围压模和点压模两个系列，并且按电缆导体材料不同，选用不同的模具。压接模具的型号以其适用的导体材料和导体标称截面表示，模具材料应采用模具钢，经热处理后其表面硬度不小于HRC40，其工作面须经防锈处理。

（3）压接金具

①压接型接线端子。压接型接线端子是使电缆末端导体和电气装置连接的导电金具，它与电缆末端导体连接部位是管状，与电气装置连接部位是特定的平板，平板中央有与螺

栓直径配合的端孔。压接型接线端子按连接的导体不同有铜、铝和铜铝过渡端子之分，按结构特征不同有密封式和非密封式之分。

接线端子规格尺寸依其适用的电缆截面积确定，应符合接触电阻和抗拉强度的要求。管状部位的内径要与电缆导体的外径相配合。相同截面导体适用的端子，紧压型的内径要比非紧压型的略小一些。

②压接型连接管。压接型连接管是将两根及以上电缆导体在线路中间互相连接的管状导电金具。连接管按连接的导体不同有铜、铝和铜铝过渡连接管之分，按结构特征不同有直通式和堵油式之分。连接管的规格尺寸依其适用的电缆截面积确定，应符合接触电阻和抗拉强度的要求。连接管的内径要与电缆导体的外径相配合。相同截面导体的连接管，紧压型的内径要比非紧压型稍小些。

3.线芯压接工艺要求

（1）压接前要检查核对连接金具和压模，必须与电缆导体标称截面、导体材料、导体结构种类（紧压或非紧压）相符。

（2）压接前按连接长度须剥除绝缘，清除导体表面油污和导丝间半导电残物。铝导体要用钢丝刷除去表面氧化膜，使导体表面出现金属光泽。

（3）导体经整圆后插入连接管或接线端子，对端子要插到孔底，对连接管两侧导体要对接上。

（4）在压接部位，围压形成棱线或点压的压坑中心线应成一条直线。

（5）当压模合拢到位，应停留 10 ～ 15 s后再松模，以使压接部位金属塑性变形达到基本稳定。

（6）压接后，不应有裂纹，压接部位表面应打磨光滑，无毛刺和尖端。点压的压坑深度应与阳模的压入部位高度一致，坑底应平坦无裂纹。

（7）6 kV及以上电缆接头当采用点压法时，应将压坑填实，以消除因压坑引起的电场畸变的影响。

4.电缆线芯压接注意事项

（1）压接钳的选用。在电缆施工中，可根据导体截面大小、工艺要求，并考虑应用环境，选用适当的压接钳。

（2）由于油压钳的吨位不同，其所能压接的导体截面和导体材料也不相同。另外，有的油压钳没有保险阀门，因此在使用中不应超出油压钳本身所能承受的压力范围，以免损坏油压钳。

（3）手动液压钳一般均按一人操作进行压接设计，使用时应由一人进行压接，不应多人合力强压，以免超出油压钳允许的吨位。

（4）压接过程中，当上下模接触时，应停止施加压力，以免损坏压钳、压模。

（5）油压钳应按要求注入规定型号的液压油，以保证油压钳在不同季节能正常使用。

（6）注油时应注意机油清洁。带有杂质的油会引起油阀开闭不严，使油压钳失灵或达不到应有压力。

第三节 1 kV及以下电力电缆附件安装

一、1 kV电力电缆终端头制作

（一）危险点分析与控制措施

1.为防止触电，挂接地线前，应使用合格验电器及绝缘手套进行验电，确认无电压后再挂接地线。

2.使用移动电气设备时必须装设漏电保护器。

3.搬运电缆附件人员应相互配合，轻搬轻放，不得抛接。

4.用刀或其他切割工具时，应正确控制切割方向。

5.使用液化气枪应先检查液化气瓶、减压阀、液化喷枪。点火时火头不准对人，以免人员烫伤，其他工作人员应对火头保持一定距离。用后及时关闭阀门。

6.吊装电缆终端时，保证与带电设备的安全距离。

（二）制作工艺质量控制要点

1.剥除外护套、范装、内护套

（1）剥除外护套。应分两次进行，以避免电缆铠装层铠装松散。先将电缆末端外护套保留100 mm，然后按规定尺寸剥除外护套，要求断口平整。外护套断口以下100 mm部分用砂纸打毛并清洁干净，以保证分支手套定位后密封性能可靠。

（2）剥除铠装。按规定尺寸在铠装上绑扎铜线，绑线的缠绕方向应与铠装的缠绕方向一致，使铠装越绑越紧不致松散。绑线用直径2.0 mm的铜线，每道3 ~ 4匝。锯铠装时，其圆周锯痕深度应均匀，不得锯透，以防损伤内护套。剥铠装时，应首先沿锯痕将铠装卷断，铠装断开后再向电缆端头剥除。

（3）剥除内护套及填料。在应剥除内护套处用刀子横向切一环形痕迹，深度不超过内护套厚度的一半。纵向剥除内护套时，刀子切口应在两芯之间，防止切伤绝缘层。切除填料时刀口应向外，防止损伤绝缘层。

2.焊接地线，绕包密封填充胶

（1）接地铜编织带必须焊牢在铠装的两层铠装上。焊接时，铠装焊区应用锉刀和砂纸打毛，并先镀上一层锡，将铜编织带用铜绑线扎紧并焊牢在铠装镀锡层上，同时对焊面上的尖角毛刺，必须打磨平整，并在外面绕包几层PVC胶带。也可用恒力弹簧扎紧，但在恒力弹簧外面也必须绕包几层PVC胶带加强固定。

（2）自外护套断口向下40 mm范围内的铜编织带必须用焊锡做不少于30 mm的防潮段。同时在防潮段下端电缆上绕包两层密封胶，将接地编织带埋入其中，以提高密封防水性能。

（3）在电缆内、外护套断口绕包密封填充胶，必须严实紧密。分叉部位空间应填实，绕包体表面应平整，绕包后外径必须小于分支手套内径。

3.热缩分支手套，调整线芯

（1）将分支手套套入电缆分叉部位，必须压紧到位。由中间向两端加热收缩，注意火焰不得过猛，应环绕加热，均匀收缩。收缩后不得有空隙存在，并在分支手套下端口部位绕包几层密封胶加强密封。

（2）根据系统相色排列及布置形式，适当调整排列好线芯。

4.切除相绝缘，压接接线端子

（1）剥除末端绝缘时，注意不要伤及线芯。

（2）压接时，接线端子必须和导体紧密接触，按先上后下顺序进行压接。端子表面尖端和毛刺必须打磨平整。

5.热缩绝缘管

（1）热缩绝缘管时火焰不得过猛，必须由下向上缓慢、环绕加热，将管中气体全部排出，使其均匀收缩。

（2）在冬季环境温度较低时施工，热缩绝缘管前，应先将金属端子预热，以使绝缘管与金属端子有更紧密的接触。对绝缘管进行二次加热收缩效果更好。

6.热缩相色管

按系统相色，将相色管分别套入各相绝缘管上端部，环绕加热收缩。

（三）电缆附件安装作业条件

1.室外作业时应避免在雨天、雾天、大风天气及湿度在70%以上的环境下进行。遇紧急故障处理，应做好防护措施并经上级主管领导批准。在尘土较多及重灰污染区，应搭临时帐篷。

2.冬季施工气温低于0℃时，电缆应预先加热。

（四）操作步骤及要求

1.固定电缆

确定安装位置，量好电缆尺寸，锯掉多余电缆。

2.焊接铠装接地线

用锉刀打毛铠装表面，用铜绑线将一根铜编织带端头扎紧在铠装上，用锡焊牢，再在外面绕包几层PVC胶带。

自外护套断口以下40 mm长范围内的铜编织带均须进行渗锡处理，使焊锡渗透铜编织带间隙，形成防潮段。

3.热缩分支手套

在电缆内、外护套端口上绕包两层填充胶，将铜编织带压入其中，在外面绕包几层填充胶，再分别绕包三叉口，绕包后的外径应小于分支手套内径。

套入分支手套，并尽量拉向三芯根部。

取出手套内的隔离纸，从分支手套中间开始向下端热缩，然后向手指方向热缩。

4.剥除绝缘层、压接接线端子

将电缆端部接线端子孔深加5 mm长的绝缘剥除，擦净导体，套入接线端子进行压接。压接后将接线端子表面用砂纸打磨光滑、平整。

5.热缩绝缘管

每相套入绝缘管，与分支手套搭接不少于30 mm，从根部向上加热收缩，绝缘管收缩后应平整、光滑，无皱纹、气泡。

6.热缩相色管

将相色管按相位颜色分别套入各相，环绕加热收缩。

7.连接接地线

户内终端接地线应与变电站内接地网连通。

8.与其他电气设备连接

将电缆终端导体端子与架空线或开关柜连接，确保接触良好。

9.清理现场

施工结束后，工作负责人依据施工验收规范对施工工艺、质量进行自查验收，按要求清理施工现场，整理工期、材料，办理工作终结手续。

二、1 kV电力电缆中间接头制作

（一）危险点分析与控制措施

1.明火作业，工作现场应配备灭火器，并及时清理杂物。

2.使用移动电气设备时必须装设漏电保护器。

3.搬运电缆附件时，人员应相互配合，轻搬轻放，不得抛接。

4.用刀或其他切割工具时，正确控制切割方向。

5.使用液化气枪前应先检查液化气瓶、减压阀。液化气喷枪点火时火头不准对人，以免人员烫伤，其他工作人员应与火头保持一定距离。用后及时关闭阀门。

6.施工时，电缆沟边上方禁止堆放工具及杂物，以免掉落伤人。

（二）制作工艺质量控制要点

1.剥除外护套、铠装、内护套

（1）剥除外护套

首先在电缆的一侧套入附件中的外护套。在剥切电缆外护套时，应分两次进行，以避免电缆铠装松散。先将电缆末端外护套保留100 mm，然后按规定尺寸剥除外护套，要求断口平整。外护套断口以下100 mm部分用砂纸打毛并清洁干净，以保证外护套定位后，密封性能可靠。

（2）剥除铠装

按规定尺寸在铠装上绑扎铜线，绑线的缠绕方向应与铠装的缠绕方向一致，使铠装越绑越紧不致松散。绑线用直径2.0 mm的铜线，每道3 ~ 4匝。锯铠装时，其圆周锯痕深度应均匀，不得锯透，不得损伤内护套。剥铠装时，应首先沿锯痕将铠装卷断，铠装断开后再向电缆端头剥除。

（3）剥除内护套及填料

在应剥除内护套处用刀子横向切一环形痕，深度不超过内护套厚度的一半。纵向剥除内护套时，刀子切口应在两芯之间，防止切伤绝缘层。切除填料时刀口应向外，防止损伤绝缘层。

2.电缆分相，锯除多余电缆线芯

（1）扳弯线芯时应在电缆线芯分叉部位进行，弯曲不宜过大，以便于操作为宜。但一定要保证弯曲半径符合规定要求。

（2）将接头中心尺寸核对准确，然后锯断多余电缆芯线。锯割时，应保持电缆线芯端口平直。

3.套入绝缘管

先将电缆表面清洁干净，然后套入绝缘管。

4.剥除线芯末端绝缘

按工艺要求，剥除线芯末端绝缘。剥除绝缘层时，不得损伤导体，不得使导体变形。

5.压接连接管

（1）压接前用清洁纸将连接管内、外和导体表面清洁干净。检查连接管与导体截面及导体外径尺寸，以及压接模具与连接管外径尺寸是否匹配。如连接管套入导体较松动，则应用单丝填实后进行压接。

（2）压接后，连接管表面的棱角和毛刺必须用锉刀和砂纸打磨光洁，并将金属粉末清洁干净。

（3）将连接管与绝缘连接处用自黏绝缘带拉伸后绕包填平，绝缘带绕包必须紧密、平整。

6.热缩绝缘管

（1）将电缆线芯绝缘层用清洁纸清洁干净。

（2）将绝缘管移至连接管上，保证二者中心对正。从中部向两端均匀、缓慢、环绕进行加热收缩，把管内气体全部排出，保证均匀收缩，防止局部温度过高导致绝缘碳化和管材损坏。

7.连接两端铠装

（1）编织带应焊在两层铠装上。

（2）焊接时，铠装焊区应用锉刀或砂纸打磨，并先镀上一层锡，将铜编织带两端分别接在铠装镀锡层上，同时用铜绑线扎紧并焊牢。

8.热缩外护套

（1）接头部位及两端电缆必须调整平直。

（2）外护套管定位前，必须将接头两端电缆外护套清洁干净并绕包一层密封胶。热缩时，由中间向两端均匀、缓慢、环绕加热，使其收缩到位。

（三）电缆附件安装作业条件

室外作业应避免在雨天、雾天、大风天气及湿度在70%以上的环境下进行。遇紧急故障处理时，应做好防护措施并经上级主管领导批准。在尘土较多及重度污染区，应搭临时帐篷。

冬季施工气温低于0℃时，电缆应预先加热。

（四）操作步骤及要求

1.定接头中心、预切割电缆

将电缆调直，确定接头中心。电缆长端500 mm，短端350 mm，两电缆重叠200 mm，锯掉多余电缆。

2.套入护套管

将电缆两端外护套擦净，在两端电缆上依次套入外护套管，将护套管两端包严，防止进入尘土影响密封。

3. 锯线芯

按相色要求将各对应线芯绑好，将多余线芯锯掉。锯线芯前，应核对接头长度。

4. 套入绝缘管

分开线芯，绑好分相支架，固定电缆线芯，将300 mm长的热缩绝缘管套入各相长端。

5. 剥去线芯末端绝缘

将长度为1/2接管长加5 mm的末端绝缘去除，擦净油污，把导体绑扎圆整。

6. 压连接管

（1）套上压接管，两侧导体对实后进行压接（先压接管两端，后压中间）。

（2）将压接管修整光滑，拆去分相支架，把线芯及接管用干净的布擦拭干净。

7. 热缩绝缘管

用自黏绝缘带将接管两端导体包平后，将各相热缩绝缘管移至中心，由绝缘管中间向两端开始均匀加热收缩。绝缘管收缩后应平整、光滑，无皱纹、气泡。

8. 连接两端铠装

（1）收紧线芯，用白布带绕包扎牢。

（2）用恒力弹簧或焊接方式将铠装两端用铜编织地线连接在一起。

9. 热缩外护套

将预先套入的护套管移至接头中央，由中间向两端加热收缩（管两端内侧涂有密封胶）。

10. 装保护盒

组装好机械保护盒，盒内填入软土，防机械损伤。

11. 清理现场

施工作业结束后，工作负责人依据施工验收规范对施工工艺、质量进行自查验收，按要求清理施工现场，整理工具、材料，办理工作终结手续。

第四节　10 kV 电力电缆附件安装

一、10 kV 常用电力电缆终端头制作

（一）危险点分析与控制措施

1. 为防止触电，挂接地线前，应使用合格验电器及绝缘手套进行验电，确认无电后再

挂接地线。

2. 使用移动电气设备时必须装设漏电保护器。

3. 搬运电缆附件时，施工人员应相互配合，轻搬轻放，不得抛接。

4. 用刀或其他切割工具时，正确控制切割方向。

5. 使用液化气枪应先检查液化气瓶、减压阀。液化气喷枪点火时火头不准对人，以免人员烫伤，其他工作人员应对火头保持一定距离。用后及时关闭阀门。

6. 吊装电缆终端头时，应保证与带电设备安全距离。

（二）10 kV 常用电力电缆终端头制作工艺质量控制要点

1. 10 kV 热缩式电力电缆终端头制作工艺质量控制要点

（1）剥除外护套、铠装、内护套

①制作电缆终端头时，应尽量垂直固定，对于大截面电缆终端头，建议在杆塔上进行制作。以免在地面制作后吊装时容易造成线芯伸缩错位，三相长短不一，使分支手套局部受力损坏。

②剥除外护套。应分两次进行，以避免电缆铠装层铠装松散。先将电缆末端外护套保留 100 mm。然后按规定尺寸剥除外护套，要求断口平整。外护套断口以下 100 mm 部分用砂纸打毛并清洁干净，以保证分支手套定位后，密封性能可靠。

③剥除铠装。按规定尺寸在铠装上绑扎铜线，绑线的缠绕方向应与铠装的缠绕方向一致，使铠装越绑越紧不致松散。绑线用直径 2.0 mm 的铜线，每道 3 ～ 4 匝。锯铠装时，其圆周锯痕深度应均匀，不得锯透，不得损伤内护套。剥铠装时，应首先沿锯痕将铠装卷断，铠装断开后再向电缆端头剥除。

④剥除内护套及填料。在应剥除内护套处用刀子横向切一环形痕迹，深度不超过内护套厚度的一半。纵向剥除内护套时，刀子切口应在两芯之间，防止切伤金属屏蔽层。剥除内护套后应将金属屏蔽带末端用聚氯乙烯黏带扎牢，防止松散。切除填料时刀口应向外，防止损伤金属屏蔽层。

⑤分开三相线芯时，不可硬行弯曲，以免铜屏蔽层褶皱、变形。

（2）焊接地线，绕包密封填充胶

①两条接地编织带必须分别焊牢在铠装的两层钢带和三相铜屏蔽层上。焊接时，铠装和三相铜屏蔽焊区应用锉刀和砂纸打毛，并先镀上一层锡。焊牢后的焊面上尖角毛刺必须打磨平整，并在外面绕包几层 PVC 胶带，也可用恒力弹簧扎紧，但在恒力弹簧外面也必须绕包几层 PVC 胶带加强固定。

②自外护套断口向下 40 mm 范围内的两条铜编织带必须用焊锡做不少于 30 mm 的防潮段，同时在防潮段下端电缆上绕包两层密封胶，将接地编织带埋入其中，提高密封防水性

能。两条编织带之间必须绝缘分开，安装时错开一定距离。

③电缆内、外护套断口绕包密封胶，必须严实紧密。三相分叉部位空间应填实，绕包体表面应平整，绕包后外径必须小于分支手套内径。

（3）热缩分支手套，调整三相线芯

①将分支手套套入电缆三叉部位，必须压紧到位，由中间向两端加热收缩，注意火焰不得过猛，应环绕加热，均匀收缩。收缩后不得有空隙存在，并在分支手套下端口部位绕包几层密封胶加强密封。

②根据系统相序排列及布置形式，适当调整排列好三相线芯。

（4）剥切铜屏蔽层、外半导电层，缠绕应力控制胶

①剥切铜屏蔽时，在其断口处用直径1.0 mm镀锡铜绑线扎紧或用恒力弹簧固定。切割时，只能环切一刀痕，不能切透，以防损伤外半导电层。剥除时，应从刀痕处撕剥，断开后向线芯端部剥除。

②剥除外半导电层后，绝缘表面必须用细砂纸打磨，去除吸附在绝缘表面的半导电粉尘。

③用浸有清洁剂且不掉纤维的细布或清洁纸清除绝缘层表面上的污垢和炭痕。清洁时应从绝缘端口向外半导电层方向擦抹，不能反复擦，严禁用带有炭痕的布或纸擦抹。擦净后用一块干净的布或纸再次擦抹绝缘表面，检查布或纸上无炭痕时方为合格。

④缠绕应力控制胶。必须拉薄拉窄，将外半导电层与绝缘之间台阶绕包填平，再搭盖外半导电层和绝缘层，绕包的应力控制胶应均匀圆整，端口平齐。

⑤涂硅脂时，注意不要涂在应力控制胶上。

（5）热缩应力控制管

①根据安装工艺图纸要求，将应力控制管套在适当的位置。

②加热收缩应力控制管时，火焰不得过猛，应温火均匀加热，使其自然收缩到位。

（6）热缩绝缘管

①在分支手套的指管端口部位绕包一层密封胶。密封胶一定要绕包严实紧密。

②套入绝缘管时，应注意将涂有热熔胶的一端套至分支手套三指管根部。热缩绝缘管时，火焰不得过猛，必须由下向上缓慢、环绕加热，将管中气体全部排出，使其均匀收缩。

③在冬季环境温度较低时施工，绝缘管做二次加热，收缩效果会更好。

（7）压接接线端子

①剥除末端绝缘时，注意不要伤到线芯。绝缘端部应力处理前，用PVC胶带黏面朝外将电缆三相线芯端头包扎好，以防倒角时伤到导体。

②压接接线端子时，接线端子必须和导体紧密接触，按先上后下顺序进行压接。压接

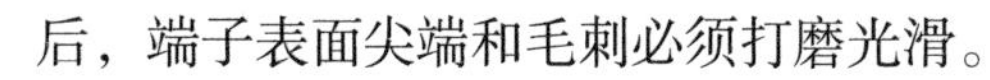

后，端子表面尖端和毛刺必须打磨光滑。

（8）热缩密封管和相色管

①在绝缘管与接线端子之间用填充胶和密封胶将台阶填平，使其表面平整。

②热缩密封管时，其上端不宜搭接到接线端子孔的顶端，以免形成豁口进水。

③热缩相色管时，按系统相色，将相色管分别套入各相绝缘管上端部，环绕加热收缩。

（9）户外安装时固定防雨裙

①固定防雨裙应符合图纸尺寸要求，并与线芯、绝缘管垂直。

②热缩防雨裙时，应对防雨裙上端直管部位圆周加热。加热时应用温火，火焰不得集中，以免防雨裙变形和损坏。

③热缩防雨裙过程中，应及时在水平和垂直方向对其进行调整，对防雨裙边进行整形。

④防雨裙加热收缩只能一次性定位，收缩后不得移动和调整，以免防雨裙上端直管内壁密封胶脱落，影响固定及防雨功能。

（10）连接接地线

①压接接地端子，并与地网连接牢靠。

②固定三相，应保证相间（接线端子之间）距离满足户外≥200 mm，户内≥125 mm。

2.10 kV预制式电力电缆终端头制作工艺质量控制要点

（1）剥除外护套、铠装、内护套

①制作电缆终端头时，应尽量垂直固定。对于大截面电缆终端头，建议在杆塔上进行制作，以免在地面制作后吊装时容易造成线芯伸缩错位，三相长短不一，使分支手套局部受力损坏。

②剥除外护套。应分两次进行，以避免电缆铠装层铠装松散。先将电缆末端外护套保留100 mm。然后按规定尺寸剥除外护套，要求断口平整。外护套断口以下100 mm部分用砂纸打毛并清洁干净，以保证分支手套定位后，密封性能可靠。

③剥除铠装。按规定尺寸在铠装上绑扎铜线，绑线的缠绕方向应与铠装的缠绕方向一致，使铠装越绑越紧不致松散。绑线用直径2.0 mm的铜线，每道3 ~ 4匝。锯铠装时，其圆周锯痕深度应均匀，不得锯透，不得损伤内护套。剥铠装时，应首先沿锯痕将铠装卷断，铠装断开后再向电缆端头剥除。

④剥除内护套及填料。在应剥除内护套处用刀子横向切一环形痕迹，深度不超过内护套厚度的一半。纵向剥除内护套时，刀子切口应在两芯之间，防止切伤金属屏蔽层。剥除内护套后应将金属屏蔽带末端用聚氯乙烯黏带扎牢，防止松散。切除填料时刀口应向外，防止损伤金属屏蔽层。

⑤分开三相线芯时，不可硬行弯曲，以免铜屏蔽层褶皱、变形。

（2）焊接地线，绕包密封填充胶

①两条接地编织带必须分别焊牢在铠装的两层钢带和三相铜屏蔽层上。焊接时，铠装和三相铜屏蔽焊区应用锉刀和砂纸打毛，并先镀上一层锡。焊牢后的焊面上尖角毛刺必须打磨平整，并在外面绕包几层PVC胶带，也可用恒力弹簧扎紧，但在恒力弹簧外面也必须绕包几层PVC胶带加强固定。

②自外护套断口向下40 mm范围内的两条铜编织带必须用焊锡做不少于30 mm的防潮段，同时在防潮段下端电缆上绕包两层密封胶，将接地编织带埋入其中，提高密封防水性能。两条编织带之间必须绝缘分开，安装时错开一定距离。

③电缆内、外护套断口绕包密封胶，必须严实紧密。三相分叉部位空间应填实，绕包体表面应平整，绕包后外径必须小于分支手套内径。

（3）热缩分支手套，调整三相线芯

①将分支手套套入电缆三叉部位，必须压紧到位，由中间向两端加热收缩。注意火焰不得过猛，应环绕加热，均匀收缩。收缩后不得有空隙存在，并在分支手套下端口部位绕包几层密封胶加强密封。

②根据系统相序排列及布置形式，适当调整排列好三相线芯。

（4）热缩护套管

①套入护套管时，应注意将涂有热熔胶的一端套至分支手套三指管根部。热缩护套管时，应由下端分支手套指管处开始向上端加热收缩。应缓慢、均匀加热，使管中的气体完全排出。

②切割多余护套管时，必须绕包两层PVC胶带固定。圆周环切后，才能纵向割切，剥切时不得损伤铜屏蔽层，严禁无包扎切割。

（5）剥切铜屏蔽层、外半导电层

①剥切铜屏藏时，在其断口处用直径1.0 mm镀锡铜绑线扎紧或用恒力弹簧固定。切割时，只能环切一刀痕，不能切透，以防损伤外半导电层。剥除时，应从刀痕处撕剥，断开后向线芯端部剥除。

②剥除外半导电层后，绝缘表面必须用细砂纸打磨，去除吸附在绝缘表面的半导电粉尘。

③用砂纸打磨外半导电层端部或切削小斜坡时，注意不得损伤绝缘层。打磨或切削后，半导电层端口应平齐，坡面应平整光洁，与绝缘层平滑过渡。

（6）剥切线芯绝缘、内半导电层

①割切线芯绝缘时，注意不得损伤线芯导体。剥除绝缘层时，应顺着导线绞合方向进行，不得使导体松散变形。

②内半导电层应剥除干净，不得留有残迹。

③绝缘端部处理前，用PVC胶带黏面朝外将电缆三相线芯端头包好，以防倒角时伤到导体。

④仔细检查绝缘层，如发现有半导电粉质、颗粒或较深的凹槽等，则必须用细砂纸打磨或用玻璃片刮干净。

⑤清洁绝缘层时，必须用清洁纸，从绝缘层端部向外半导电层端部一次性清洁，以免把半导电粉质带到绝缘上。

（7）绕包半导电带台阶

将半导电带拉伸100%，绕包成圆柱形台阶，其上平面应和线芯垂直，圆周应平整，不得绕包成圆锥形或鼓形。

（8）安装终端套管

①套入终端时，应注意先把塑料护帽套在线芯导体上，防止导体边缘刮伤终端套管。

②整个套入过程不宜过长，应一次性推到位。

③在终端头底部电缆上绕包一圈密封胶，将底部翻起的裙边复原，装上卡带并紧固。

④按系统相色，包缠相色带。

（9）压接接线端子和连接接地线

①把接线端子套到导体上，使接线端子下端防雨罩罩在终端头顶部裙边上。

②压接时保证接线端子和导体紧密接触，按先上后下顺序进行压接。端子表面尖端和毛刺必须打磨光洁。

③压接接地端子，并与地网连接牢靠。

④固定三相，应保证相间（接线端子之间）距离满足户外≥200 mm，户内≥125 mm。

3.10 kV预制式肘型电力电缆终端头制作工艺质量控制要点

（1）剥除外护套、铠装、内护套

①制作电缆终端头时，应尽量垂直固定。以免在地面制作后安装时容易造成线芯伸缩错位，三相长短不一，使分支手套局部受力损坏。

②剥除外护套。应分两次进行，以避免电缆铠装层铠装松散。先将电缆末端外护套保留100 mm。然后按规定尺寸剥除外护套，要求断口平整。外护套断口以下100 mm部分用砂纸打毛并清洁干净，以保证分支手套定位后，密封性能可靠。

③剥除铠装。按规定尺寸在铠装上绑扎铜线，绑线的缠绕方向应与铠装的缠绕方向一致，使铠装越绑越紧不致松散。绑线用直径2.0 mm的铜线，每道3 ~ 4匝。锯铠装时，其圆周锯痕深度应均匀，不得锯透，不得损伤内护套。剥铠装时，应首先沿锯痕将铠装卷断，铠装断开后再向电缆端头剥除。

④剥除内护套及填料。在应剥除内护套处用刀子横向切一环形痕迹，深度不超过内护

套厚度的一半。纵向剥除内护套时，刀子切口应在两芯之间，防止切伤金属屏蔽层。剥除内护套后应将金属屏蔽带末端用聚氯乙烯黏带扎牢，防止松散。切除填料时刀口应向外，防止损伤金属屏蔽层。

⑤分开三相线芯时，不可硬行弯曲，以免铜屏蔽层褶皱、变形。

（2）固定接地线，绕包密封填充胶

①接地编织带必须分别固定在铠装层的两层钢带和三相铜屏蔽层上。铠装和铜屏蔽与地线接触部位应用砂纸打毛，在恒力弹簧外面必须绕包几层PVC胶带，以保证铠装与金属屏蔽层的绝缘。

②自外护套断口向下40 mm范围内的铜编织带必须做不少于30 mm的防潮段，同时在防潮段下端电缆上，绕包两层密封胶，将接地编织带埋入其中，提高密封防水性能。两编织带之间必须绝缘分开，安装时错开一定距离。

③电缆内、外护套断口处要绕包填充胶，三相分叉部位空间应填实，绕包体表面应平整，绕包后外径必须小于分支手套内径。

（3）安装分支手套

①电缆三叉部位用填充胶绕包后，根据实际情况，上半部分可半搭盖绕包一层PVC胶带，以防止内部粘连和抽塑料衬管条时将填充胶带出。但填充胶绕包体上不能全部绕包PVC胶带。

②冷缩分支手套套入电缆前应事先检查三指管内塑料衬管条内口预留是否过多。注意抽衬管条时，应谨慎小心，缓慢进行，以避免衬管条弹出。

③分支手套应套至电缆三叉部位填充胶上，必须压紧到位，检查三指管根部，不得有空隙存在。

（4）安装冷缩护套管

①安装冷缩护套管，抽出衬管条时，速度应均匀缓慢，两手应协调配合，以防冷缩护套管收缩不均匀造成拉伸和反弹。

②护套管切割时，必须绕包两层PVC胶带固定。圆周环切后，才能纵向剖切，剥切时不得损伤铜屏蔽层，严禁无包扎切割。

（5）剥切铜屏蔽层、外半导电层

①铜屏蔽剥切时，应用直径1.0 mm镀锡铜绑线扎紧或用恒力弹簧固定。切割时，只能环切一刀痕，不能切透，损伤外半导电层。剥除时，应从刀痕处撕剥，断开后向线芯端部剥除。

②外半导电层剥除后，绝缘表面必须用细砂纸打磨，去除嵌入在绝缘表面的半导电颗粒。

③外半导电层端部切削打磨斜坡时，注意不得损伤绝缘层。打磨后，外半导电层端口

应平齐，坡面应平整光洁，与绝缘层圆滑过渡。

（6）剥切线芯绝缘、内半导电层

①割切线芯绝缘时，注意不得损伤线芯导体。剥除绝缘时，应顺着导线绞合方向进行，不得使导体松散。

②内半导电应剥除干净，不得留有残迹。

③绝缘端部应力处理前，用PVC胶带黏面朝外将电缆三相线芯端头包扎好，以防倒角时伤到导体。

④仔细检查绝缘层，如有半导电粉末、颗粒或较深的凹槽等，则必须再用细砂纸打磨干净。

⑤清洁绝缘层时，必须用清洁纸，从绝缘层端部向外半导电层端部方向一次性清洁绝缘和外半导电，以免把半导电粉末带到绝缘上。

（7）绕包半导电带台阶

半导电带必须拉伸100%，绕包成圆柱形台阶，其上平面应和线芯垂直，圆周应平整，不得绕包成圆锥形或鼓形。

（8）安装应力锥

①将硅脂均匀涂抹在电缆绝缘表面和应力锥内表面，注意不要涂在半导电层上。

②将应力锥套入电缆绝缘上，直到应力锥下端的台阶与绕包的半导电带圆柱形凸台紧密接触。

（9）压接接线端子

压接时，必须保证接线端子和导体紧密接触，按先上后下顺序进行压接。端子表面尖端和毛刺必须打磨光洁。

（10）安装肘型插头，连接接地线

①将肘型头套在电缆端部，并推到底，从肘型头端部可见压接端子螺栓孔。

②按系统相色，包缠相色带。

③将螺栓拧紧在环网柜套管上，确保螺纹对位。

④将肘型头套入环网柜套管上，确保电缆端子孔正对螺栓，用螺母将电缆端子压紧在套管端部的铜导体上。

⑤用接地线在肘型头耳部将外屏蔽接地。

二、10 kV 常用电力电缆中间接头制作

（一）危险点分析与控制措施

1. 明火作业现场应配备灭火器，并及时清理杂物。

2.使用移动电气设备时必须装设漏电保护器。

3.搬运电缆附件时，工作人员应相互配合，轻搬轻放，不得抛接。

4.用刀或其他切割工具时，正确控制切割方向。

5.使用液化气枪应先检查液化气瓶、减压阀。液化喷枪点火时火头不准对人，以免人员烫伤，其他工作人员应对火头保持一定距离。用后及时关闭阀门。

6.施工时，电缆沟边上方禁止堆放工具及杂物，以免掉落伤人。

（二）10 kV常用电力电缆中间接头制作工艺质量控制要点

1. 10 kV热缩式电力电缆中间接头制作工艺质量控制要点

（1）剥除外护套、铠装、内护套

①剥除外护套。首先在电缆的两侧套入附件中的内外护套管。在剥切电缆外护套时，应分两次进行，以避免电缆铠装层铠装松散。先将电缆末端外护套保留100 mm，然后按规定尺寸剥除外护套，要求断口平整。外护套断口以下100 mm部分用砂纸打毛并清洁干净，以保证外护套收缩后密封性能可靠。

②剥除铠装。按规定尺寸在铠装上绑扎铜线，绑线的缠绕方向应与铠装的缠绕方向一致，使铠装越绑越紧不致松散。绑线用直径2.0 mm的铜线，每道3 ~ 4匝。锯铠装时，其圆周锯痕深度应均匀，不得锯透，以免损伤内护套。剥铠装时，应首先沿锯痕将铠装卷断，铠装断开后再向电缆端头剥除。

③剥除内护套及填料。在应剥除内护套处用刀子横向切一环形痕迹，深度不超过内护套厚度的一半。纵向剥除内护套时，刀子切口应在两芯之间，防止切伤金属屏蔽层。剥除内护套后应将金属屏蔽带末端用聚氯乙烯黏带扎牢，防止松散。切除填料时刀口应向外，防止损伤金属屏蔽层。

（2）电缆分相，锯除多余电缆线芯

①在电缆线芯分叉处将线芯扳弯，弯曲不宜过大，以便于操作为宜。但一定要保证弯曲半径符合规定要求，避免铜屏蔽层变形、褶皱和损坏。

②将接头中心尺寸核对准确后，锯断多余电缆芯线。锯割时，应保证电缆线芯端口平直。

（3）剥除铜屏蔽层和外半导电层

①剥切铜屏蔽时，在其断口处用直径1.0 mm镀锡铜绑线扎紧或用恒力弹簧固定。切割时，只能环切一刀痕，不能切透，以防损伤半导电层。剥除时，应从刀痕处撕剥，断开后向线芯端部剥除。

②铜屏蔽层的断口应切割平整，不得有尖端和毛刺。

③外半导电层应剥除干净，不得留有残迹。剥除后必须用细砂纸将绝缘表面吸附的半

导电粉尘打磨干净，并清洗光洁。剥除外半导电层时，刀口不得伤及绝缘层。

（4）绕包应力控制胶，热缩半导电应力控制管

①绕包应力控制胶时，必须拉薄拉窄，把外半导电层和绝缘层的交接处填实填平。圆周搭接应均匀，端口应整齐。

②热缩应力控制管时，应用微弱火焰均匀环绕加热，使其收缩。收缩后，在应力控制管与绝缘层交接处应绕包应力控制胶，绕包方法同上。

（5）剥除线芯末端绝缘，切削“铅笔头”、保留内半导电层

①切割线芯绝缘时，刀口不得损伤导体。剥除绝缘层时，不得使导体变形。

②“铅笔头”切削时，锥面应圆整、均匀、对称，并用砂纸打磨光洁，切削时刀口不得划伤导体。

③保留的内半导电层表面不得留有绝缘痕迹，端口平整，表面应光洁。

（6）依次套入管材和铜屏蔽网套

①套入管材前，电缆表面必须清洁干净。

②按附件安装说明依次套入管材、顺序不能颠倒。所有管材端口，必须用塑料布加以包扎，以防水分、灰尘、杂物侵入管内污染密封胶层。

（7）压接连接管，绕包屏蔽层，增绕绝缘带

①压接前用清洁纸将连接管内、外和导体表面清洁干净。检查连接管与导体截面及径向尺寸应相符，压接模具与连接管外径尺寸应配套。如连接管套入导体较松动，应填实后进行压接。

②压接后，连接管表面的棱角和毛刺必须用锉刀和砂纸打磨光洁，并将金属粉屑清洗干净。

③半导电带必须拉伸后绕包并填平压接管的压坑和接管与导体屏蔽层之间的间隙，然后在连接管上半搭盖绕包两层半导电带。两端与内半导电屏蔽层必须紧密搭接。

④在两端绝缘末端“铅笔头”处与连接管端部用绝缘自黏带拉伸后绕包填平，再半搭盖绕包与两端“铅笔头”之间，绝缘带绕包必须紧密、平整，其绕包厚度略大于电缆绝缘直径。

（8）热缩内、外绝缘管和屏蔽管

①电缆线芯绝缘和外半导电屏蔽层应清洁干净。清洁时，应由线芯绝缘端部向半导电应力控制管方向进行，不可颠倒，清洁纸不得重复使用。

②将内绝缘管、外绝缘管、屏蔽管先后从长端线芯绝缘上移至连接管上，中部对正。加热时应从中部向两端均匀、缓慢环绕进行，把管内气体全部排出，保证完好收缩，以防局部温度过高造成绝缘碳化、管材损坏。

（9）绕包密封防水胶带

内外绝缘管及屏蔽管两端绕包密封防水胶带，必须拉伸100%，先将台阶绕包填平，再半搭盖绕包成一坡面。绕包必须圆整紧密，两边搭接电缆外半导电层和内外绝缘管及屏蔽管不得少于30 mm。

（10）固定铜屏蔽网套，连接两端铜屏蔽层

①铜屏蔽网套两端分别与电缆铜屏蔽层搭接时，必须用铜扎线扎紧并焊牢。

②铜编织带两端与电缆铜屏蔽层连接时，铜扎线应尽量扎在铜编织带端头的边缘。避免焊接时，温度偏高，焊接渗透使端头铜丝胀开，致焊面不够紧密复贴，影响外观质量。

③用恒力弹簧固定时，必须将铜编织带端头沿宽度方向略加展开，夹入恒力弹簧收紧并用PVC胶带缠绕固定，以增加接触面，确保接点稳固。

（11）扎紧三相，热缩内护套，连接两端铠装层

①将三相接头用白布带扎紧，以增加整体结构的紧密性，同时有利于内护套恢复。

②热缩内护套前，先将两侧电缆内护套端部打毛，并包一层红色密封胶带。由两端向中间均匀、缓慢、环绕加热，使内护套均匀收缩。接头内护套管与电缆内护套搭接部位必须密封可靠。

③铜编织带应焊在两层钢带上。焊接时，铠装焊区应用锉刀和砂纸砂光打毛，并先镀上一层锡，将铜编织带两端分别放在铠装镀锡层上，用铜绑线扎紧并焊牢。

④用恒力弹簧固定铜编织带时，将铜编织带端头略加展开，夹入并反折在恒力弹簧之中，用力收紧，并用PVC胶带缠紧固定，以增加铜编织带与铠装的接触面和稳固性。

（12）固定金属护套和外护套管

①接头部位及两端电缆必须调整平直。金属护套两端套头端齿部分与两端铠装绑扎应牢固。

②外护套管定位前，必须将接头两端电缆外护套端口150 mm内清洁干净并用砂纸打磨。外护套定位后，应均匀环绕加热，使其收缩到位。

2. 10 kV预制式电力电缆中间接头制作工艺质量控制要点

（1）剥除外护套、铠装、内护套

①剥除外护套。首先在电缆的两侧套入附件中的内外护套管。在剥切电缆外护套时，应分两次进行，以避免电缆铠装层铠装松散。先将电缆末端外护套保留100 mm，然后按规定尺寸剥除外护套，要求断口平整。外护套断口以下100 mm部分用砂纸打毛并清洁干净，以保证外护套收缩后密封性能可靠。

②剥除铠装。按规定尺寸在铠装上绑扎铜线，绑线的缠绕方向应与铠装的缠绕方向一致，使铠装越绑越紧不致松散。绑线用直径2.0 mm的铜线，每道3 ~ 4匝。锯铠装时，其圆周锯痕深度应均匀，不得锯透，以免损伤内护套。剥铠装时，应首先沿锯痕将铠装卷

断，铠装断开后再向电缆端头剥除。

③剥除内护套及填料。在应剥除内护套处用刀子横向切一环形痕迹，深度不超过内护套厚度的一半。纵向剥除内护套时，刀子切口应在两芯之间，防止切伤金属屏蔽层。剥除内护套后应将金属屏蔽带末端用聚氯乙烯黏带扎牢，防止松散。切除填料时刀口应向外，防止损伤金属屏蔽层。

（2）电缆分相，锯除多余电缆线芯

①在电缆线芯分叉处将线芯扳弯，弯曲不宜过大，以便于操作为宜。但一定要保证弯曲半径符合规定要求，避免铜屏蔽层变形、褶皱和损坏。

②将接头中心尺寸核对准确后，锯断多余电缆芯线。锯割时，应保证电缆线芯端口平直。

（3）剥除铜屏蔽层和外半导电层

①剥切铜屏蔽时，在其断口处用直径1.0 mm镀锡铜绑线扎紧或用恒力弹簧固定。切割时，只能环切一刀痕，不能切透，以防损伤半导电层。剥除时，应从刀痕处撕剥，断开后向线芯端部剥除。

②铜屏蔽层的断口应切割平整，不得有尖端和毛刺。

③外半导电层应剥除干净，不得留有残迹。剥除后必须用细砂纸将绝缘表面吸附的半导电粉尘打磨干净，并清洗光洁。剥除外半导电层时，刀口不得伤及绝缘层。

④将外半导电层端部切削成小斜坡，注意不得损伤绝缘层。用砂纸打磨后，半导电层端口应平齐，坡面应平整光洁，与绝缘层平滑过渡。

（4）剥线芯绝缘，推入硅橡胶预制体

①剥切线芯绝缘和内半导电层时，不得伤及线芯导体。剥除绝缘层时，应顺线芯绞合方向进行，以防线芯导体松散变形。

②绝缘端部倒角后，应用砂纸打磨圆滑。线芯导体端部的锐边应锉去，清洁干净后用PVC胶带包好，以防尖端锐边刺伤硅橡胶预制体。

③在推入硅橡胶预制体前，必须用清洁纸将长端绝缘及屏蔽层表面清洁干净。清洁时，应由绝缘端部向外半导电屏蔽层方向进行，不可颠倒，清洁纸不得往返使用。清洁后。涂上硅脂，再将硅橡胶预制体推入。

（5）压接连接管，预制体复位

①压接前用清洁纸将连接管内、外和导体表面清洗干净。检查连接管与导体截面及径向尺寸是否相符，压接模具与连接管外径尺寸是否配套。如连接管套入导体较松动，应用导体单丝填实后进行压接。

②压接连接管时，两端线芯应顶牢，不得松动。压接后，对连接管表面的棱角和毛刺，必须用锉刀和砂纸打磨光洁，并将铜屑粉末清洗干净。

③在绝缘表面涂一层硅脂，将硅橡胶预制体拉回过程中，应受力均匀。预制体定位后，必须用手从其中部向两端用力捏一捏，以消除推拉时产生的内应力，防止预制体变形和扭曲，同时使之与绝缘表面紧密接触。

（6）绕包半导电带，连接铜屏蔽层

①三相预制体定位后，在预制体的两端来回绕包半导电带时，半导电带必须拉伸100%，以增强绕包的紧密度。

②铜丝网套两端用恒力弹簧固定在铜屏蔽层上。固定时，恒力弹簧应用力收紧，并用PVC胶带缠紧固定，以防连接部分松弛导致接触不良。

③在铜网套外再覆盖一条25 mm^2铜编织带，两端与铜屏蔽层用铜绑线扎紧焊牢或用恒力弹簧卡紧。

（7）扎紧三相，热缩内护套，连接两端铠装

①将三相接头用白布带扎紧，以增加整体结构的紧密性，同时有利于内护套恢复。

②热缩内护套前先将两侧电缆内护套端部打毛，并包一层红色密封胶带。由两端向中间均匀、缓慢、环绕加热，使内护套均匀收缩。接头内护套管与电缆内护套搭接部位必须密封可靠。

③铜编织带应焊在两层钢带上。焊接时，铠装焊区应用锉刀和砂纸砂光打毛，并先镀上一层锡，将铜编织带两端分别放在铠装镀锡层上，用铜绑线扎紧并焊牢。

④用恒力弹簧固定铜编织带时，将铜编织带端头略加展开，夹入并反折在恒力弹簧之中，用力收紧，并用PVC胶带缠紧固定，以增加铜编织带与铠装的接触面和稳固性。

（8）热缩外护套

①热缩外护套前先将两侧电缆外护套端部150 mm清洁打毛，并包一层红色密封胶带。由两端向中间均匀、缓慢、环绕加热，使外护套均匀收缩。接头外护套管之间，以及与电缆外护套搭接部位，必须密封可靠。

②冷却30 min以后，方可进行电缆接头搬移工作，以免损坏外护层结构。

3. 10 kV冷缩式电力电缆中间接头制作工艺质量控制要点

（1）剥除外护套、铠装、内护套

①剥除外护套。首先在电缆的两侧套入附件中的内外护套管。在剥切电缆外护套时，应分两次进行，以避免电缆铠装层铠装松散。先将电缆末端外护套保留100 mm，然后按规定尺寸剥除外护套，要求断口平整。外护套断口以下100 mm部分用砂纸打毛并清洁干净，以保证外护套收缩后密封性能可靠。

②剥除铠装。按规定尺寸在铠装上绑扎铜线，绑线的缠绕方向应与铠装的缠绕方向一致，使铠装越绑越紧不致松散。绑线用直径2.0 mm的铜线，每道3 ~ 4匝。钢铠装时，其圆周锯痕深度应均匀，不得锯透，损伤内护套。剥铠装时，应首先沿锯痕将铠装卷断，铠

装断开后再向电缆端头剥除。

③剥除内护套及填料。在应剥除内护套处用刀子横向切一环形痕迹，深度不超过内护套厚度的一半。纵向剥除内护套时，刀子切口应在两芯之间，防止切伤金属屏蔽层。剥除内护套后应将金属屏蔽带末端用聚氯乙烯黏带扎牢，防止松散。切除填料时刀口应向外，防止损伤金属屏蔽层。

（2）电缆分相，锯除多余电缆线芯

①在电缆线芯分叉处将线芯扳弯，弯曲不宜过大，以便于操作为宜。但一定要保证弯曲半径符合规定要求，避免铜屏蔽层变形、褶皱和损坏。

②将接头中心尺寸核对准确后，锯断多余电缆芯线。锯割时，应保证电缆线芯端口平直。

（3）剥除铜屏蔽层和外半导电层

①剥切铜屏蔽时，在其断口处用直径1.0 mm镀锡铜绑线扎紧或用恒力弹簧固定。切割时，只能环切一刀痕，不能切透，以防损伤半导电层。剥除时，应从刀痕处撕剥，断开后向线芯端部剥除。

②铜屏蔽层的断口应切割平整，不得有尖端和毛刺。

③外半导电层应剥除干净，不得留有残迹。剥除后必须用细砂纸将绝缘表面吸附的半导电粉尘打磨干净，并清洗光洁。剥除外半导电层时，刀口不得伤及绝缘层。

④将外半导电层端部切削成小斜坡，注意不得损伤绝缘层。用砂纸打磨后，半导电层端口应平齐，坡面应平整光洁，与绝缘层平滑过渡。

（4）剥切绝缘层，套中间接头管

①剥切线芯绝缘和内半导电层时，不得伤及线芯导体。剥除绝缘层，应顺线芯绞合方向进行，以防线芯导体松散。

②绝缘层端口用刀或倒角器倒角。线芯导体端部的锐边应锉去，清洁干净后用PVC胶带包好。

③中间接头管应套在电缆铜屏蔽保留较长一端的线芯上。套入前必须将绝缘层、外半导电层、铜屏蔽层用清洁纸依次清洁干净；套入时，应注意塑料衬管条伸出一端先套入电缆线芯。

④将中间接头管和电缆绝缘用塑料布临时保护好，以防碰伤和灰尘杂物落入，保持环境清洁。

（5）压接连接管

①必须事先检查连接管与电缆线芯标称截面相符，压接模具与连接管规范尺寸应配套。

②连接管压接时，两端线芯应顶牢，不得松动。

③压接后，连接管表面尖端、毛刺用锉刀和砂纸打磨平整光洁，必须用清洁纸将绝缘层表面和连接管表面清洁干净。应特别注意不能在中间接头端头位置留有金属粉屑或其他导电物体。

（6）安装中间接头管

①在中间接头管安装区域表面均匀涂抹一薄层硅脂，并经认真检查后，将中间接头管移至中心部位，其一端必须与记号齐平。

②抽出衬管条时，应沿逆时针方向进行，其速度必须缓慢均匀，使中间接头管自然收缩。定位后用双手从接头中部向两端圆周捏一捏，使中间接头内壁结构与电缆绝缘、外半导电屏蔽层有更好的界面接触。

（7）连接两端铜屏蔽层

铜网带应以半搭盖方式绕包平整紧密，铜网两端与电缆铜屏蔽层搭接。用恒力弹簧固定时，夹入铜编织带并反折恒力弹簧之中，用力收紧，并用PVC胶带缠紧固定。

（8）恢复内护套

①电缆三相接头之间间隙，必须用填充料填充饱满，再用PVC带或白布带将电缆三相并拢扎紧，以增强接头整体结构的严密性和机械强度。

②绕包防水带，绕包时将胶带拉伸至原来宽度的3/4。完成后，双手用力挤压所包胶带，使其紧密贴附。防水带应覆盖接头两端的电缆内护套足够长度。

（9）连接两端铠装层

铜编织带两端与铠装层连接时，必须先用锉刀或砂纸将钢铠表面进行打磨，将铜编织带端头呈宽度方向略加展开，夹入并反折恒力弹簧之中，用力收紧，并用PVC胶带缠紧固定，以增加铜编织带与钢铠的接触面和稳固性。

（10）恢复外护套

①绕包防水带，绕包时将胶带拉伸至原来宽度的3/4。完成后，双手用力挤压所包胶带，使其紧密贴附。防水带应覆盖接头两端的电缆外护套各50 mm。

②在外护套防水带上绕包两层铠装带。绕包铠装带以半重叠方式绕包，必须紧固，并覆盖接头两端的电缆外护套各70 mm。

③30 min以后，方可进行电缆接头搬移工作，以免损坏外护层结构。

第六章　电力电缆故障诊断

第一节　故障距离粗测

一、经典法简介

（一）电阻电桥法

电阻电桥法，在20世纪60年代以前，被世界各国所广泛采用。该法几十年来几乎没有任何改变，它对低阻接地或短路性故障比较适用。

需要特别指出的是：对于三相断线故障，由于没有完好相做参比，而无法测试，使它的应用范围大打折扣。

（二）电容电桥法

当电缆故障呈断线性质时，由于直流电阻电桥法中测量桥臂不能构成直流通路，所以电阻电桥法将无法测量出故障距离，这时采用电容电桥法即可测出故障距离。

需要注意的是，使用电容电桥法测试电缆故障时，其断线故障的绝缘电阻应不小于1MΩ。否则会造成较大的误差，从而限制了电容电桥法在实际测试工作中的应用。

（三）烧穿降阻法

电力电缆的高阻故障几乎占故障总数的90%以上，对于这些高阻故障，经典的测试方法是毫无效果的。因为高阻故障的故障电阻很高，测量电流极小，即使用足够灵敏的仪表也难以测量；对于低压脉冲法，由于故障点等效阻抗几乎等于电缆的特性阻抗，即反射系数几乎为零，所以得不到反射脉冲而无法测量。为了使经典法能够测试高阻故障，必须通过烧穿降阻法把高阻故障变为低阻故障。

为利用电缆中电渗透效应的优点，烧穿设备的输出通常是直流负高压。大量的实践证明，用负高压烧穿故障点的效果要比正高压或交流高压烧穿故障点好得多。烧穿电流一般为毫安级，那种认为烧穿须用大电流的概念是错误的。事实上，在直流负高压下，数毫安的电流即可使故障点的绝缘物碳化。烧穿电流太大时，虽然烧穿速度快，但烧穿过程不易控制，极易引起故障点的碳化熔烧，形成金属性接地故障，从而增加了故障定点工作的难度。

当故障点形成低而稳定的电阻通道时，即可使用低阻测试方法进行故障距离的测试。顺便提一下，并不是所有的高阻故障都可以用烧穿法降为低阻故障（如某些电缆中间头）。对于油浸纸绝缘电缆，由于绝缘油的渗透作用，常使烧穿后的故障阻值回升而影响测试工作，有时需要反复烧穿。

（四）高压电桥法

经典法测试高阻故障，必须经过烧穿降阻过程。而有些高阻故障虽然已被烧穿，但当去掉烧穿高压时，故障电阻迅速回升，以致无法测量。另外，前面介绍的几种低压电桥法，由于测试电压低，测量电流小，在检流计灵敏度一定的情况下，测量误差大。为解决上述两个问题，可采用高压电桥法。

高压电桥法的测试接线方式，测量原理与故障距离的计算公式均与电阻电桥法完全相同。所不同的是将低压直流电源换成高压直流电源。

高压电桥法，由于在测试过程中所有测试设备均在高压状态工作，所以设备与操作人员的安全工作是一个十分重要的问题。只有在比较完善的测试条件下，才可使用高压电桥法。因此，高压电桥法始终没能普遍推广应用。

二、直流高压闪络法

直流高压闪络法简称直闪法，该方法最适于高阻闪络性故障，即故障点未形成电阻通道（或虽形成电阻通道，但阻值很高），当外施电压达到一定值时（一般为数千伏或上万伏）产生闪络击穿。

闪络性故障两次击穿的时间间隔，为数秒或数分钟，对于油浸纸绝缘电缆，尤其是陈旧性的充油接头部位故障，由于绝缘油的流动，可使击穿现象暂时停止，形成封闭性故障。另一方面，闪络性故障击穿几次或十几次以后，由于故障电阻降低，直流高压加不上而无法继续测试，所以应珍惜最初的闪络机会。

直闪法还可分为脉冲反射电压取样直闪法和脉冲反射电流取样直闪法两种。这两种方法除了提取的测试信号一个是电压，另一个是电流以外，在其他方面均完全相同，现分述如下。

（一）脉冲反射电压取样直闪法

脉冲反射电压取样直闪法接线原理如图6-1所示。

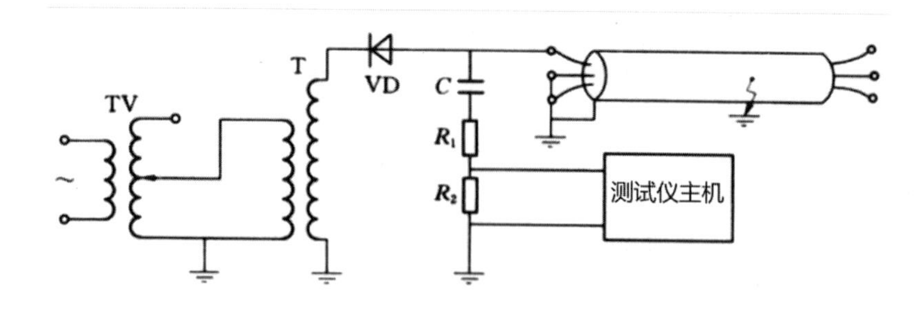

图6–1　脉冲反射电压取样直闪法接线原理

图6-1中：TV为调压器，要求调压范围为0 ~ 200V，输出功率大于2 kVA；T为高压变压器，要求输出电压为0 ~ 50 kV，容量不小于1 kVA；VD为高压整流二极管，要求其反向耐压大于200 kV，正向电流大于100 mA；C为耦合电容，容量不小于2μF的10 kV移相电容器或专用脉冲电容器。R_1和R_2构成水阻分压器。R_2为碳质电阻，阻值约为300 Ω，4 W；R_1为水电阻，内充$CuSO_4$水溶液。阻值应根据R_1和R_2分压后的电压不超过300V为原则，一般取50kΩ，功率大于250W。

（二）脉冲反射电流取样直闪法

脉冲反射电流取样直闪法接线原理如图6-2所示。图中L为线性电流耦合器，其他设备及其参数均与电压取样直闪法相同。

电流取样直闪法中的线性电流耦合器不可以把方向放错，否则会改变测试波形的极性，影响正常的测试与分析。另外，为保证测试波形的规范性，应使电容器与被测电缆线芯导体之间的连线尽可能短，并且电容器低压侧引线应与被测电缆的地线直接相连。

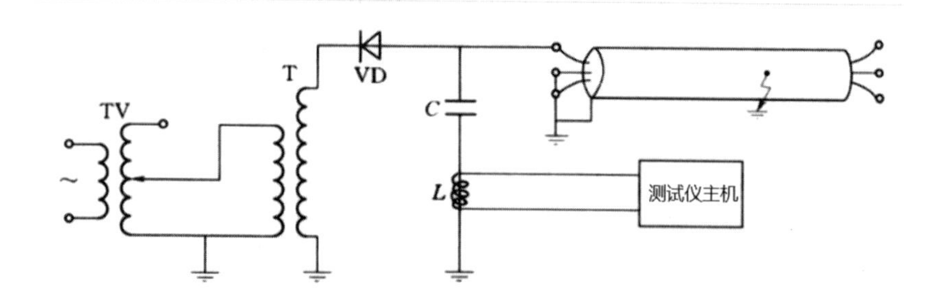

图6–2　脉冲反射电流取样直闪法接线原理

（三）首端及其附近故障点的测试

故障点位于首端及其附近（大约40 m以内）时，与低压脉冲法相类似，测得的波形与正常波形不同，用常规的分析方法也无法准确地测算故障距离。这是由于故障点击穿而形成的短路电弧使故障点产生电压跃变时，因为故障点位于（或靠近）首端，这一跃变电波尚未达到稳态值时，下一反射波又已到达测试端，即形成了多次反射的叠加，并且故障距离越近，波形中快速变化的过程振荡越密集。根据脉冲技术原理，对首端及其附近故障的脉冲反射电压取样直闪法和脉冲反射电流取样直闪法波形进行剖析，从而获得了直闪法“盲区”波形剖析图。

（四）终端直闪法

如果被测电缆比较长，而且闪络性高阻故障又靠近终端，采用直闪法测得的波形往往拐点比较圆滑，使测量误差增大。在这种情况下，可采用终端直闪法进行测试。

终端直闪法是在电缆的始端给故障相加直流高压，用测试仪在终端检测测试波形。当直流负高压使故障点闪络放电后，在故障点产生的反极性反射波同时向电缆的始端和终端传播，向终端传播的反射波于到达终端。与反射波到达始端的情况一样，反射波在终端也要产生同极性反射波并返回故障点，如此便在终端形成了波形。该波形的形成过程与波形形状均与标准直闪波完全相同。

采用终端直闪法进行测试时，终端与始端需要密切配合，因此两端的联系工作很重要，以确保测试工作的顺利进行。有时为了避免两端联系上的不便，还可以采用另一种形式的终端直闪法。即利用故障电缆的好相或并行的好电缆，在始端按终端测试原理与方法进行直闪法测试。

上述两种终端直闪法的测试原理、测试方法及波形的形成过程与波形形状均与标准直闪法完全相同。所不同的是它们所测得的距离分别是故障点到终端和始端的距离，即始终是故障点到测试仪端的距离。

上述两种终端直闪法也可以采用电流取样方式，其测试方法与波形均和常规电流取样直闪法相同，这里不再赘述。

（五）回路直闪法

在电缆线路较长（大于2 km），而故障点又靠近终端时，除了可以采用终端直闪法以外，还可以采用回路直闪法测试，以减小远距离故障的测量误差。

回路直闪法是将直流负高压直接加在故障相上，在电缆终端通过短接线将故障相与一好相或另一同型号等长的并行电缆相连。

三、冲击高压闪络法

冲击高压闪络法简称冲闪法。冲闪法主要用于直闪法不易测试的泄漏性高阻故障，也可对闪络性高阻故障进行有效的测试。

由于直闪法所采用的直流高压电源的等效内阻比较大，电源输出功率受到了一定的

限制。而泄漏性高阻故障往往需要较大功率的直流高压电源才能使其闪络放电，形成瞬间短路。在实际测试中，已充电的大容量电容器可作为较大功率的直流电源，其等效内阻很小，相当于一个恒压源。在冲闪法中，正是利用大容量的充电电容作为直流高压电源，使故障点闪络击穿，形成瞬间短路放电。

冲闪法也可以采用电压取样和电流取样两种方式测试。

（一）脉冲反射电压取样冲闪法

脉冲反射电压取样冲闪法接线原理如图6-3所示。

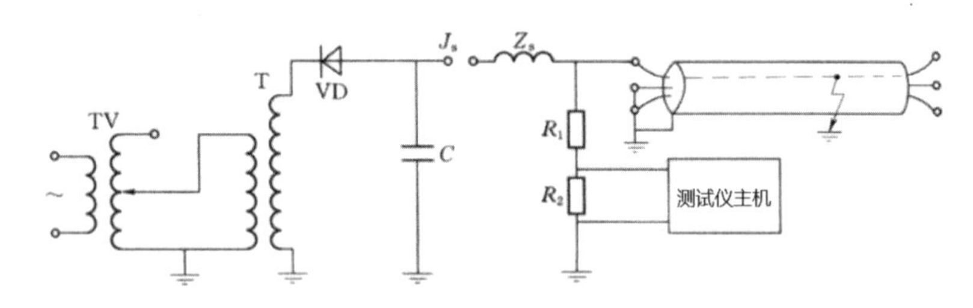

图6–3　脉冲反射电压取样冲闪法接线原理

图6-3中J_s为球间隙，用以形成冲击高压脉冲；改变J_s距离的大小，即可控制冲击电压的高低。Z_s为取样原件，其余部分均与图6-1中相应参数相同。当Z_s为一电阻R时（50 ~ 100Ω），称为冲R法。冲R法适用于电缆故障电阻值不太高的泄漏性高阻故障，也可测试一些闪络性高阻故障。当Z_s为一电感L时（5 ~ 30μH），称为冲L法。冲L法适用于一切泄漏性高阻故障和闪络性高阻故障，因此冲闪法把冲L法作为主要测试方法，而把冲R法作为一种辅助的测试方法。一般地，在无特别说明时的冲闪法，均指电压取样冲L法。

（二）脉冲反射电流取样冲闪法

脉冲反射电流取样冲闪法接线原理如图6-4所示。

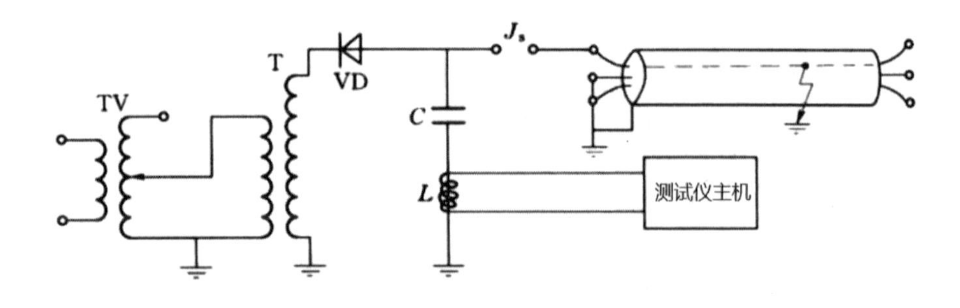

图6–4　脉冲反射电流取样冲闪法接线原理

图6-4中：J_s为球间隙，调节J_s距离的大小，可以改变冲击电压的高低。其余各参数均与图6-2所示的相应参数相同。

（三）DGC-2010A冲闪法测试要点

1.先将故障电缆与其他一切设备断开，并进行充分放电。

2.测试线的红色线夹接在被测电缆故障相的端子上，黑色线夹接在被测电缆的地线上。

3.打开主机电源开关，仪器首先加载Windows操作系统，然后进入仪器程序，显示设备名称8s左右，自动进入工作界面。

4.在“测量”菜单下，选择“冲闪”测量方式。

5.在“速度”菜单下，根据被测电缆的绝缘介质来选择电波传播速度。

在以下速度值中选择144 m/μs、160 m/μs、172 m/μs、184 m/μs或自选键入新的速度值。当有测量结果显示时，改变速度值后自动修改测量结果并显示。

6.在“频率”菜单下，根据所测电缆的长度选择采样频率。

选择测量用采样频率：30 MHz、60 MHz、90 MHz、120 MHz。

7.调节“幅度调节”电位器至1/3位置。

8.点击“采样”功能按键，仪器进入等待采样状态。

9.调整球隙、幅度调节旋钮后，对故障电缆升压。电压升到一定值时，球隙放电，仪器记录采集波形。

根据波形大小可重新调整球隙、幅度调节的大小，重复采样，直至获得理想的冲闪测试波形。

10.波形处理：完成采样以后，移动光标定起点，再移动光标到波形反射点，此时屏幕所显示的长度就是故障距离。

第一个小负脉冲为球间隙击穿而故障点未放电时电容器对电缆的放电电流脉冲（输入幅度小或者仪器灵敏度低时第一个小脉冲可能不出现），第二个大的负脉冲为故障点击穿之后形成的短路电流脉冲，其次为由该放电电流脉冲形成的一次、二次等多次反射电流脉冲，因衰减而幅度逐次减小。由于故障特性的差异和电容电压与引线电感的存在，而在反射正脉冲的前沿出现负反射，计算故障距离时起点为第一个放电负脉冲的前沿，终点为第一次反射负脉冲之前的正脉冲前沿。

11.粗测结束。

（四）脉冲反射电压取样冲L法几种典型波形

1. 波形全貌

冲L法的波形全貌是（或类似）一个衰减的余弦振荡。在前面一段叠加着快速变化的尖脉冲，测量故障点的就是这些快速变化的尖脉冲。

2. 标准波形

在测得波形全貌之后，利用波形的“扩展”键进行适当的扩展，即可得到理想的测试波形——标准波形，如图6-5所示。

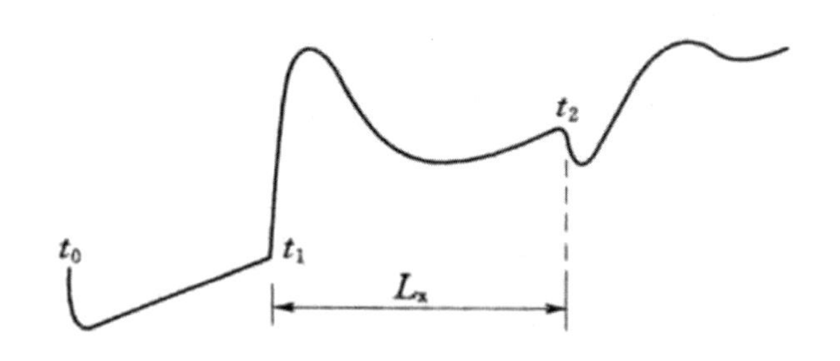

图6–5　冲L法标准波形

由图6-5可得，$L_x=\frac{1}{2}v(t_2-t_1)$，而不是取$t_1$与$t_0$间的距离，$t_0$是球间隙放电产生脉冲的时刻。设故障距离为$L_x$，则球隙放电脉冲经过$T/2$时间，行程$L_x$远到达故障点。由于故障点的击穿放电不仅需要足够高的电压，还需要一定的电压持续时间（这个时间称为放电延迟时间），因此故障点并非立即击穿放电，而是当球隙放电脉冲到达故障点后，再经过延迟时间ΔT故障点才击穿放电，而故障点放电脉冲再经过$T/2$时间到达测试端，于是

$$t_1 - t_0=T+\Delta T \tag{6-1}$$

3. 故障点位于首端及其附近的波形

故障点位于首端及其附近的波形如图6-6所示。

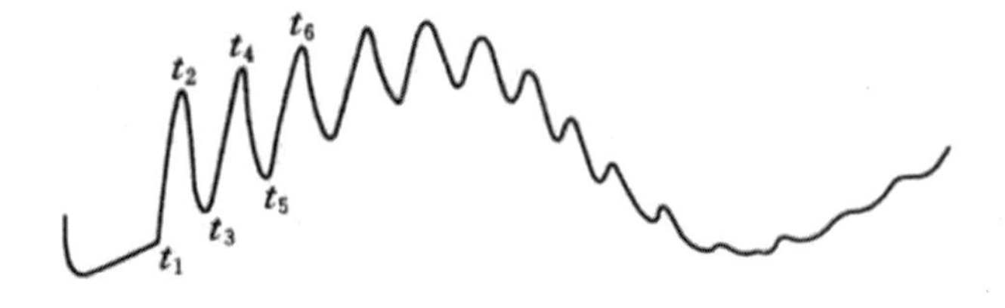

图6–6　故障点位于首端及其附近的波形

由图6-6可见，它与故障点位于首端及其附近的直闪法波形类似，它们都是由于多次反射的叠加改变了测试波形。T值与故障距离L_x的计算公式均可参照直闪法，即

$$T=t_2-t_1 \text{ 或 } T=t_3-t_2$$

$$L_x=\frac{1}{2}vT \text{ 或 } L_x=\frac{vt}{2n} \quad (6\text{-}2)$$

4.故障点在末端反射到达故障点后才击穿的波形

故障点在末端反射到达故障点后才击穿的波形如图6-7所示。

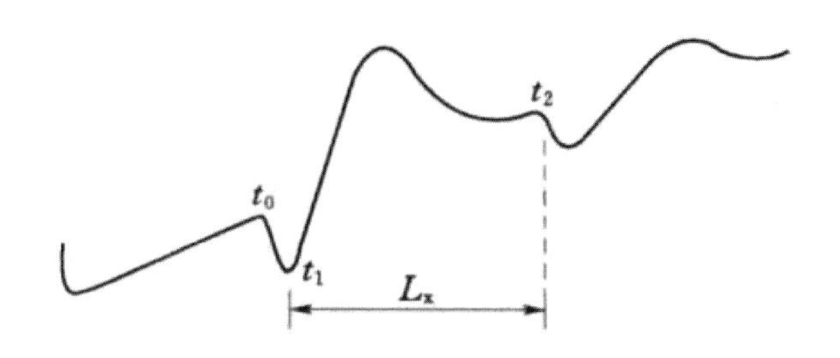

图6–7　故障点在末端反射到达故障点后击穿波形

由图6-7可见，这个波形与标准波形的差别是在第一个正脉冲之前有一个负脉冲。这是由于电缆在加负冲击高压时，故障点的电离放电需要一段延迟时间ΔT，若故障点与电缆末端的距离L_x'较近，常有下式成立

$$\Delta T>\frac{2L_x'}{v} \quad (6\text{-}3)$$

当上式成立时，在故障点放电之前，冲击电压波已经到达电缆末端，并在那里产生正反射，通过故障点传向测试端。在此之后，故障点才被电离击穿，产生正向脉冲电压向测试端传播，因此在第一个反射正脉冲之前出现负脉冲。这时测量故障距离应特别注意，只能从故障点放电脉冲正突跳拐点（t_1）算起，到第一故障反射脉冲的负突跳拐点（t_2），即

$$T=t_2-t_1$$

$$L_x=\frac{1}{2}v(t_2-t_1) \quad (6\text{-}4)$$

实际上，当所加的冲击电压不足够高时，即使故障点距离末端还有相当距离，也可能会出现冲击电压波在电缆末端被反射回来，并到达故障点以后才电离击穿故障点的情况。这主要是故障点的电离击穿延迟太长的缘故。

（五）终端冲闪法

脉冲反射电压取样冲闪法与直闪法相类似，也可以采用终端冲闪法进行故障测试。终端冲闪法接线原理如图6-8所示。图中各参数均与图6-3中相应参数相同。

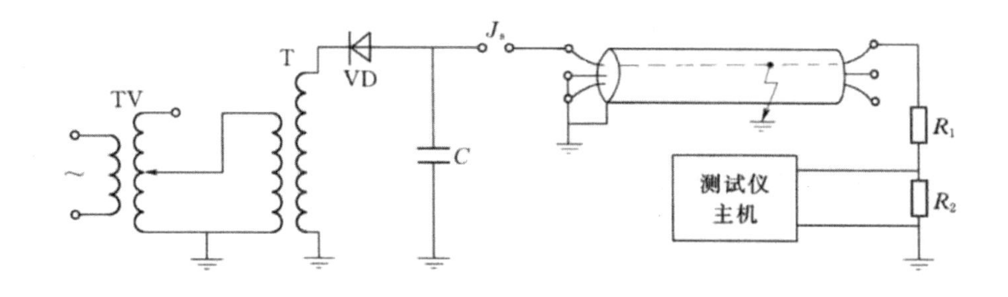

图6-8　终端冲闪法接线原理

由终端冲闪法波形的形成过程可知，终端冲闪法测试的波形幅值几乎是所加冲击直流电压的4倍，而常规的直闪法和冲闪法的测试波形最大幅值只是所加冲击直流电压的2倍。因此，测试波形幅值大是终端冲闪法的主要特点，即终端冲闪法适用于故障距离较大的测试场合。

如果故障电缆有好相或并行好电缆时，与终端直闪法相类似，可以在始端按终端冲闪法进行电缆故障测试。

把球间隙放在电缆终端，冲击高压通过好相或并行的好电缆，经球间隙加到电缆故障相。当故障点闪络放电后，可在始端测得无异于常规冲闪法的波形。需要指出的是，测得的故障距离为故障点到始端的距离。

该测试方法中，电缆的等效电容与贮能电容并联，从而增大了电容量，使故障点容易击穿放电。尤其是故障电缆较长时，效果更明显。

（六）回路冲闪法

回路冲闪法适用于测试故障点泄漏电流较小、直流高压不易使故障点放电的闪络故障和小于100Ω的短路（接地）故障。

在回路冲闪法测试中，当直流高压升高到球间隙击穿临界值时，球间隙被击穿，电容器对电缆放电。若该脉冲电压使故障点电离击穿放电，则可产生一阶跃电压波同时向电缆的测试端与终端传播。经故障相直接传回的电波于t_1时刻到达测试端，传播到电缆终端的脉冲电波经短接线到达好相（或并行电缆）的终端，再经好相于t_2时刻到达测试端。显然，同回路直闪法一样，从电缆终端经好相回到测试端的脉冲电波，滞后于从故障点直接传回到测试端的电波T'时间，多行程故障点到电缆终端距离的两倍，即$2L'_X$，因此有下式成立：

$$T' = t_2 - t_1$$
$$L'_x = \frac{1}{2}vT' \qquad (6\text{-}5)$$

电压取样回路冲闪法波形如图6-9所示。

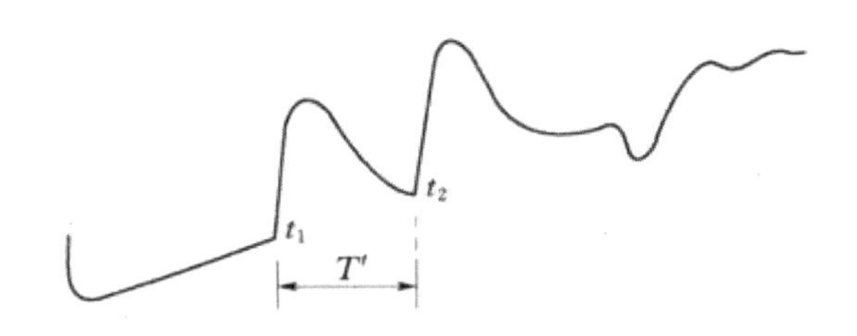

图6–9　电压取样回路冲闪法波形

实际上，电压取样和电流取样回路冲闪法的波形形成机理与各自的常规冲闪法完全相同，只是回路冲闪法测得的波形是在常规冲闪法波形上叠加了从终端返回到测试端的波形。只是利用这两个故障点放电脉冲的时间差T'来测量故障点到电缆终端的距离L'_X。

由于回路冲闪法的反射脉冲数量增加一倍，使得测试波形更为复杂。因此，回路冲闪法在实际测试工作中很少应用。

四、多次脉冲闪络法

多次脉冲闪络法测试技术是目前国际上最先进的电缆故障测试技术，是对现代脉冲反射测试技术的最新发展。该技术适用于各种电力电缆的高阻泄漏性故障、闪络性故障、低阻接地、短路或断路性故障。尤其对极端的高阻泄漏性故障或闪络性故障，在其他测试方法较为困难甚至无法测试的情况下，更能显示出多次脉冲闪络法的有效性和测试优势。

多次脉冲闪络法的先进之处，在于它能将复杂的高压冲击闪络波形转变成为非常容易判读的类似于低压脉冲法的短路故障波形，使测得的故障波形得到极大的简化，降低了对故障波形分析的难度，从而有效地提高了故障测试的成功率和准确性。

（一）多次脉冲闪络法测试系统的组成

调压器输出功率为1 ~ 5 kVA；TV为高压变压器，功率1 ~ 5 kVA；D为高压整流硅堆，大于50kW/0.2 A（高压试验变压器已内置）；C为高压电容，容量1 ~ 8μF，耐压大于10 ~ 40 kV。

多次脉冲闪络法的电缆故障测试系统，由可以产生单次冲击高压的“一体化高压发生器”“多脉冲产生器”和波形测试与分析处理的“DGC-2010A多脉冲智能电缆故障测试仪”三部分组成。

（二）多次脉冲闪络法测试前期准备工作

在使用多次脉冲闪络法测试电缆故障前，应预先测试故障电缆的全长。

使用低压脉冲法测试故障电缆的全长，并且保存此全长波形。其目的是便于与下面多次脉冲闪络法测试的故障波形的比较和故障距离的判读，并且可以检验仪器的完好性。

（三）DGC–2010A 多次脉冲法测试要点

1. 先将故障电缆与其他一切设备断开，并进行充分放电。

2. 测试线的红色线夹接在被测电缆故障相的端子上，黑色线夹接在被测电缆的地线上。

3. 打开主机电源开关，仪器首先加载Windows操作系统，然后进入仪器程序，显示设备名称8 s左右，自动进入工作界面。

4. 在“测量”菜单下，选择“多次脉冲”测量方式。

5. 在“速度”菜单下，根据被测电缆的绝缘介质来选择电波传播速度。

在以下速度值中选择144 m/μs、160 m/μs、172 m/μs、184 m/μs或自选键入新的速度值。当有测量结果显示时，改变速度值后自动修改测量结果并显示。

6. 在“脉冲宽度”菜单下，根据所测电缆的长度选择脉冲宽度。

7. 在“频率”菜单下，根据所测电缆的长度选择采样频率。

8. 调节“幅度调节”电位器至1/3位置。

9. 调整球隙、幅度调节旋钮后，对故障电缆升压，电压升到一定值时，球隙放电。

10. 点击“采样”功能按键，仪器记录采集波形。

根据波形大小可重新调整球隙、幅度调节的大小，重复采样，直至获得理想的多脉冲法测试波形。

如果加冲击高压后测得的波形为全长波形，反射脉冲的极性与发射脉冲的极性一致，游标定位显示的是电缆全长，说明故障点未被高压击穿。须重新按“采样”键，并且在升高冲击电压的同时，按“采样”键，调节“幅度调节”电位器和屏幕监视。直至采集到与发射脉冲极性相反的反射脉冲为止。这时屏幕显示的测试波形可以用来进行波形操作。

11. 波形处理：按荧屏下方模块中的“扩张”或“压缩”键，使测试的波形宽度比较适合故障距离的判读。然后，将上下两波形重叠。可以看出，故障回波前的那部分重叠较好，故障回波后的波形部分有明显的发散。

12. 移动测量光标判读故障距离。在显示屏右侧有“起点”“终点”和光标移动按键。在按键显示“起点”状态下，按光标位移键时起点光标移动，否则终点光标移动。直至将两条光标分别移到发射脉冲和反射脉冲起始拐点位置上。

在完成上述操作后，两光标间显示的数字即为故障点到测试端的距离。

13. 为资料积累，可使用“文件”菜单下的“保存”或“打印”功能。

14. 粗测结束。

（四）DGC-2010A 多次脉冲法的操作技巧

尽管多脉冲法测试波形极易判断，准确性也较高，但要获得一个较为理想、方便判读的波形还须掌握一定的技巧才能应用自如。

现场按多脉冲法接好线路后，第一次施加冲击高压往往得不到较为理想的测试波形，只能算是一次试测。因为事前并不知道故障的距离，故障点的耐电强度也不清楚。如果冲击电压加得不够高，故障点没有被冲击高压击穿产生电弧，是采集不到故障反射波的。必须提高冲击电压直到看到故障反射波为止。

由于在多次脉冲法测试过程中，高压设备与故障电缆之间串有“多脉冲产生器”，实际加到电缆故障相上的冲击高压比高压发生器输出的电压低一些。如果高压发生器的输出电压已经达到35 kV，而故障点仍未被击穿，此时可将多脉冲发生器和测试仪主机暂时移除测试回路，对故障电缆进行单纯性冲击放电，迫使故障点闪络放电，然后再恢复多脉冲测试回路并进行故障测试。也可以直接将多脉冲测试法改为常规冲击高压闪络法进行测试。

五、故障距离测试中的问题与处理

（一）故障点未击穿

在冲闪法测试中，缺乏经验的人员常认为球间隙放电时，故障点也同时放电；或认为只要球间隙放电，就可以测到所需的波形，其实这两种观点都是片面的。球间隙的击穿，取决于球间隙距离的大小与所加电压的高低。距离越大，击穿所需的电压越高，击穿时加到电缆上的电压也越高。而故障点的击穿与否取决于故障电阻的大小与电缆上受到的冲击电压的高低。对于具有某一故障电阻值的故障点，若球间隙太小，球隙击穿时加到电缆上的电压就很低，甚至可能低到无法电离击穿故障点。

判断故障点是否闪络击穿放电的方法主要有以下两种。

1.通过检测高压整流回路中的电流来判断故障点是否闪络击穿放电。一般来说，放电电流不大于10 mA时，故障点未被击穿；放电电流大于20 mA时，故障点已闪络击穿；放电电流在10 ~ 20 mA时，常常表现为放电不充分。故障点已充分放电时，球间隙的放电声音清脆而响亮。

2.通过观察测试仪测试波形来判断故障点是否闪络击穿放电。对于直闪法，若故障点闪络放电，仪器屏幕上就会显示直闪波形，否则将无任何波形显示。对于冲闪法，故障点未击穿时，测得的波形上只有终端反射脉冲，而没有故障点放电脉冲。当故障点放电不完善时，屏幕上会出现一些无规律的波形，而不是大余弦振荡波形。

当故障点不放电或放电不完善时，将造成无故障点反射波形或波形不规则，给测距工作带来困难。这时，可以考虑增大冲击放电能量。

（二）多点故障的同时放电

在实际测试中，有时存在故障电缆的一相上有两点（或两点以上）故障的情况。对这类故障进行闪络方式测试时，往往会出现两个（或多个）故障点同时放电的现象。一般来说，在测试端得到的是较近故障点的放电波形，后面故障点产生的反射波因前面故障点已被放电电弧短路而不能到达测试端。但也有可能出现较近的故障点没有被放电电弧完全短路的情况，这样，测得的波形就比较复杂了，是一个叠加着两个故障点反射的合成波形。该波形可由电波的叠加原理进行分析。

出现多点故障叠加波形时，如果难以分析与测量故障距离，可以改变测试参数使多点故障的击穿不同步，逐个故障点分别测试。

（三）放电延迟时间太长

采用直闪法测试电缆故障时，不存在放电延迟的问题。而采取冲闪法测试电缆故障时，就产生了放电延迟的问题。无论是冲L法还是冲R法，由于故障点放电延迟时间太长，经常造成故障点没放电的错误判断。

在实际冲闪法测试中，如果屏幕上显示的波形只有终端开路反射，而无故障点击穿反射时，应使用“压缩”键观察波形全貌，从而准确判断故障点是否击穿。

故障点放电延迟时间较长时，不影响故障距离的粗测结果。但对故障点的精测有一定的影响。提高冲击电压会明显地缩短故障点的放电延迟时间。

（四）冲击电压过高

在冲闪法测试过程中，不应使冲击直流高压太高。原因为：①过高的冲击直流高压会引起测试波形的畸变；②当被测试相上有两个以上的故障点时，可能引起多个故障点同时放电，使测试波形复杂化；③过高的冲击直流高压可能会将故障点电阻降低太快，甚至变成金属性接地故障，从而给定点工作带来麻烦。

基于上述三个原因，冲闪法测试电缆故障时，冲击直流高压应由低到高逐渐调整，并且能使故障点充分放电即可。

（五）故障电缆严重受潮

在电缆故障的实际测试中，有时会遇到这种情况：故障电缆的泄漏电流很大，根本加不上直流高压而无法使用直闪法。当采用冲闪法测试时，从球间隙击穿放电的声音及冲击电流数值上看，都可以判断故障点已被电离击穿，但闪测仪并不显示出放电波形。造成这种现象的主要原因是故障部位大面积受潮。

当电缆故障部位大面积受潮时，由于故障点放电面积大、爬距长、能量不集中，电弧不足以使故障点形成瞬间短路，因此不能形成理想的放电波形。

受潮严重的故障电缆，虽然不能测得较为理想的波形，却往往在故障部位附近能听到清晰的放电声，这对故障的定点极为有利。另外，受潮严重的故障部位，经过长时间冲击放电而发热，当停止冲击放电而冷却时，将进一步吸潮（水），这时常使故障电阻显著下降，甚至可降低成为低阻故障。

（六）陈旧式接头故障

故障点发生在电缆本体，一般来说是容易判断的，无论是采用低压脉冲法，还是直闪法或冲闪法，都会测取到较为典型的测试波形。但是，如果故障点发生在油浸纸电力电缆的陈旧式中间接头或终端头时，往往会发生判断困难，而且还可能会出现一些不易理解的怪现象。

这里指的陈旧式三头包括：充油头、沥青头、环氧树脂头等。它们往往由于拙劣的制作工艺而使接头内部存在气隙、亚微观裂纹及有害杂质，造成事故隐患，在不利的环境温度、湿度和过负荷或预防性试验中极易形成故障。这种电缆头出现故障，在测试时可能出现以下几种情况：①粗测时，开始故障点电阻值较低，由于加不上直流高压而使直闪法失效，加冲击高压后，绝缘电阻越来越高，测取的波形上，往往没有故障点反射波出现，也就是故障点未被电离击穿；②在采用冲闪法测试时，球间隙放电声音清脆响亮，似乎故障点已被击穿，但是观察不到故障点反射脉冲波；③做预防性耐压试验时，泄漏电流特别大，而在冲击电压很高（35 kV左右）时，仍无故障点反射脉冲波。

实测中，如果出现上述反常现象，则应考虑故障点发生在陈旧式接头处，此时的处理办法是：增大储能电容器的容量或提高冲击电压。

（七）故障点位于电缆两端及其附近

1.低压脉冲法

在低压脉冲法中，从测试端故障波形的分析来看，其波形比常规波形复杂得多，取点较为困难，但故障点位于终端及其附近时，波形几乎没有改变。因此，当测试端波形过于复杂、难以理解时，可以考虑测试故障点到电缆终端的距离，这样就把测试端故障转化为终端故障了。

把测试仪与设备搬到终端测试，可将测试端故障转化为终端故障，也可采用回路法在测试端测取故障点到终端的距离。

2.直闪法

故障点位于电缆终端及其附近时，直闪波形变化不大。因此，当测试始端故障波形有困难时，可以改为测试故障点到电缆终端的距离。测试途径之一是将测试仪与设备搬迁到

电缆终端侧进行测试，即始端与终端交换。另一种办法是采用终端直闪法进行测试。对于较长电缆来说，如果故障点靠近终端，常规直闪法测取的波形往往拐点比较圆滑，使测试精度下降，这时可以采用终端直闪法或回路直闪法进行测试，以提高测试精度。

3. 冲闪法

如前所述，故障点位于电缆两端时，其冲闪波形都将发生较大的变化。因此，只是简单地把两端故障互相转化的做法对测试工作益处不大。此时可采用终端冲闪法或回路冲闪法测取故障点到电缆终端的距离后，再与测试端的其他测试数据如电缆全长和故障距离进行比较与分析，从而可以确认和验证测试结果的准确性。

（八）闪络性高阻故障的暂闪过程

由于直闪法具有波形比较简单、变化小、拐点明显、测量误差小等优点，因此测试闪络性高阻故障的首选方法是直闪法。但在实际测试工作中，相当一部分闪络性高阻故障，只存在几次暂闪过程，如果把握不好，常使直闪法测试失败。暂闪过程通常有以下三种情况：①几次闪络过后，故障点转变为泄漏性高阻故障或低阻故障。这时应立即停止直闪测试，改用冲闪法或低压脉冲法测试。从这方面来讲，在进行直闪法测试时，用电流表检测电缆的泄漏电流是十分必要的。②几次闪络过后，故障点转变为泄漏性高阻故障。改用冲闪法测试后，尚未测出比较理想的波形，故障点闪络放电就消失了，又变为闪络性高阻故障，如此反复变化。③暂闪过程结束后，故障点也随之“消失”，经过一段时间以后，暂闪过程又重新开始。对这种较为特殊的故障，应采用直闪法或多次脉冲法测试，特别之处在于所施加的直流电压更高些（但不得高于直流耐压的标准值），直至使故障点闪络放电。这种类型的故障一般出现在陈旧式的注油接头中。

（九）故障测试误差

测试仪是电缆故障距离的粗测设备，其测试误差的主要来源有以下几方面。

1. 仪器误差

测试仪最小读数分辨率为0.5 m，因此仪器自身误差很小，可以忽略不计。

2. 速度误差

由于电波在电缆（等效为长线）中的传播速度与电缆的绝缘介质有关，因此不同绝缘介质的电缆，其电波传播速度不同。就是同种电缆，由于其制造工艺或老化状况的差异，其电波传播速度也不完全相同。仪器中预存的几种速度是平均值，在测试工作中，最好首先校准一下速度，以求更加精确。

3. 丈量误差

用测试仪测试电缆故障距离时，测得的数据是故障点到测试端的实际电缆长度，而丈量时对电缆的预留余量，自然弯曲，绕过障碍物等因素很难估算准确。因此，丈量距离总是小于仪器的测试距离。实际上，丈量误差是主要的误差来源。

4.取点误差

当故障点距离测试端较近时，测试波形中反射波比较密集；而在故障点距离测试端较远时，测试波形产生畸变，拐点比较圆滑或不明显。在这两种情况下，要准确地将游标移到反射波的特征拐点处是很困难的。可见游标取点不当会给测试结果带来一定的误差，特别是在压缩波形下，这种测试误差还会增大。

第二节　电缆路径探测

一、基本原理

采用路径信号产生器（即路径仪），向被测电缆中输入一音频电流，由此产生电磁波，然后用电感线圈接收音频信号。该接收信号经放大后送入耳机或指示仪表，再根据耳机中的音峰、音谷或指示仪表指针的偏转程度来判别电缆的埋设路径和深度，这种方法称为音频感应法。

我国所采用的路径信号产生器多为15 kHz的音频信号发生器，它再配以作为接收信号用的“定点仪”，用其“路径”当作接收机使用，即可完成电缆路径的测试工作。

随着社会的进步与工农业生产的发展，电力电缆日益增加，各种电磁波也越来越多。如工厂中的电弧（电焊机、电机车集电弓、各种高压开关的分合闸）等都将产生干扰电磁波。当被测电缆是若干根并列运行电缆中的一根时，运行电缆中的零序电流与高次谐波电流，也将产生干扰电磁波。因此我们采用音频信号发生器，发送区别于一般工频电流、高次谐波电流和其他干扰电磁场所发出的信号，并使其有节奏地间断发出，使耳机或接收仪表中得到有规律的信号，以区别于其他任何干扰信号，减少外界影响，提高测量精度。

（一）探测电缆路径

1.音谷法

音谷法的接收线圈轴线与地面始终保持垂直，当接收线圈（即探棒）位于被测电缆的正上方时，由于音频电流磁力线垂直于接收线圈轴线，即不穿过线圈，因此线圈中无感生电动势，接收机中亦无音频信号产生。当接收线圈向被测电缆两侧（垂直于电缆走向）移动时，就有音频电流磁力线穿过接收线圈，接收线圈中亦将产生感生电动势，随着移动距离上的变化，其感生电动势也将发生变化，使其接收信号发生变化。当接收线圈移动的距离继续增大时，音频磁场逐渐减弱。由此，得出音量（或指示仪表指针的偏转角）与距离的关系曲线——对称的马鞍形“双峰曲线”。

2. 音峰法

音峰法的接收线圈轴线与地面始终保持平行且与电缆走向垂直，当接收线圈位于被测电缆正上方时，穿过接收线圈的磁力线最多，因此耳机中的音量或指示仪表指针的偏转角最大。当接收线圈向被测电缆的两侧（垂直于电缆走向）移动时，穿过接收线圈的音频电流磁力线逐渐减少，耳机中的音量或指示仪表指针的偏转角也就越来越小。接收线圈位于被测电缆正上方时音量（或偏转角）最大，即形成音峰。而在电缆两侧的音量（或偏转角）较小。就是说电缆位于音峰下。因此，该测量方法得名为“音峰法”。与音谷法相同，音峰法也可以用来鉴别电缆。

（二）探测电缆埋设深度

采用音谷法先测量出电缆的埋设路径，再将接收线圈轴线垂直于地面放置，在被测电缆的正上方找出音谷点A，并做好标记；然后，在垂直于电缆路径的平面内，将接收线圈轴线倾斜45°，并向左或右移动，找出另一音谷点B，这时，AB的距离即为电缆的埋设深度。

二、电缆路径的探测方法

使用路径仪（音频信号发生器）探测电缆路径、鉴别电缆和测量电缆埋设深度时，路径仪与被测电缆的连接方式主要分为直接式和耦合式两大类。直接式又可分为相间连接法和相地连接法；耦合式可分为直接耦合法和间接耦合法。

（一）直接式连接

直接式连接是指将路径仪的输出端直接与被测电缆相连接的测量方式。当路径仪的两输出端分别与被测电缆的两相相连接时，称为相间连接法。当路径仪的两输出端分别接地和被测电缆的一相时，称为相地连接法。

1. 相间连接法

在相间连接法中，被测电缆末端开路与否，应视具体条件和使用不同的音频信号发生器而定。一般地，对于1 kHz路径仪，末端要求短路；15 kHz路径仪，末端要求开路。对于DGC-2010A型电缆故障智能测试仪的配套产品，电缆末端应开路。如果误将电缆末端短路或存在其他接线错误时，仪器将启动自动保护功能。

由于直埋电缆的钢铠（或铅包）对磁场有屏蔽作用，当加入同样大小的音频电流时，相间连接法要比相地连接法接收到的信号弱得多。因此，在电缆埋设较深（1 m以上）、干扰较大的场合，相间法效果不如相地法。

2. 相地连接法

在相地连接法中，应将音频信号加在好相上。电缆末端情况与相间法相同。对于1 kHz的路径仪，电缆末端应短路接地，对于15 kHz路径仪，电缆末端应开路。

电缆的容抗直接影响音频电流输出的大小，亦即控制着接收信号的强弱。电缆的电容量与电缆绝缘材料的介电系数、电缆线芯截面积、电缆的长度均成正比，与电缆的绝缘等级成反比。而电缆的容抗不仅与电缆的电容量有关，还与音频电流频率的高低有关，电容量越大，频率越高，容抗越小。在实际测试工作中，应根据上述原理选择适当的接线方式和参数。

3. 相间连接法与相地连接法的比较

（1）相间连接法比相地连接法更灵敏。采用音谷法探测电缆路径时，相间连接法可得陡然骤减的音谷，而相地连接法的音谷就不太明显；若采用音峰法探测电缆路径，相地连接法的音峰范围太宽，不易确定峰的顶点，而相间连接法就显得非常优越。

（2）在输出相同音频电流的情况下，由于电缆铠装对音频电流磁场的屏蔽作用，使得相间连接法接收的信号比相地连接法弱。因此，在电缆埋设较深（1 m以上）或外界干扰较大时，相地连接法比相间连接法更适用。

另外，相间连接法和相地连接法所要求的音频输出电流的大小均应视电缆的埋设深度、测试环境的干扰情况，以及电缆线路的长短、土质等实际情况而定。一般地，15 kHz路径仪的输出电流为1 ~ 2 A即可，而1 kHz音频信号发生器的输出电流为5 ~ 10 A。

（二）耦合式连接

耦合式连接的路径仪输出端与电缆各相均没有电的联系，而是通过耦合的方式把音频信号加在电缆上。耦合的方法有直接法和间接法两种。

1. 直接耦合法

直接耦合法是将音频信号发生器的输出端，直接与绕在被测电缆上的耦合线圈相连接的测量方式。该耦合线圈的匝数以5 ~ 7匝为宜。直接耦合法的原理是通过耦合线圈向被测电缆发射一音频电流，此时可将电缆等效为一个电感，其产生的感生电流发出电磁波，然后由接收线圈接收，以确定电缆路径。

直接耦合法最大的优点是：可以在不停电的情况下探测电缆路径。但是它也有一定的局限性和缺点。由于电磁波在传播过程中损耗大，衰减快，因而探测距离较近，一般仅为几百米，在无干扰的良好测试环境下，也不超过1 000 m。

2. 间接耦合法

当需要了解某一局部区域地下是否有地下电缆或金属管道时，使用音频信号发生器和

一平板接收线圈（电容探头），且以该接收线圈（电容探头）为中心，将音频信号发生器的发射线圈的纵向轴线对准该中心，沿着半径为R（一般为10 m）的圆周进行探测。当移动发射线圈经过地下电缆或金属管道的正上方时，接收机中的接收信号将出现峰值。

间接耦合法的实质是：靠地面上的发射线圈发射电磁波，耦合到地下的电缆或金属管道上，再用接收机接收这一耦合信号。

（三）鉴别电缆

当需要从若干根电缆中鉴别出某一根时，可以使用路径仪（即音频信号发生器）来识别电缆。根据路径仪的测试原理，采用直接式相地法接线时，由于通过音频信号的电缆线芯不位于电缆轴线上（单芯电缆除外），因此，采用音峰法接收信号时，在电缆周围可以得到具有强弱变化的信号。当采用直接式相间法接线时，利用音谷法接收信号，在电缆周围可以得到对称变化的信号。

三、路径仪的使用方法与注意事项

（一）技术指标

1.信号频率：15 kHz断续方波。

2.输出功率：大于50 W。

3.仪器电源：交流220 V ± 10%，50 Hz。

4.仪器体积：80 mm × 120 mm × 150 mm。

5.仪器重量：1 kg。

（二）使用方法与注意事项

1.将仪器的测试线（输出端的电缆）接在被测电缆的好相上。红色线夹接被测电缆线芯，黑色线夹接地线，然后开机。注意：关机时，应先关闭路径仪的电源，再断开测试线。

2.探棒接于定点仪的输入插孔，定点仪工作于路径状态，耳机插头插入定点仪的输出插孔。探棒（绕有线圈的磁棒）与地面垂直（音谷法）并左右移动，在耳机中听到的音频信号（嘟嘟声）大小不同，当信号最小（音谷点）时，探棒下面即是电缆的埋设位置。一边向前走，一边左右摆动探棒，耳机中听到的音量最小点（音谷点）的连线即为地下电缆的埋设路径。

3.一般情况下，输出不宜过大，以信号清晰为原则，以防在多根电缆并列运行的情况下，由于相互感应而产生测量偏差。

4.若欲判断电缆的埋设深度，如前所述，可在已测准的电缆路径上的某一点，将探棒与地面倾斜45°，垂直于该段电缆路径的走向，向左或右移动。当耳机中音量信号最小时，探棒所平移的距离，即为电缆的埋设深度。

5.在测试电缆较长（一般为800 m以上）时，电缆的终端可以短路，以增大电缆沿途的信号强度。当电缆较短时，由于其直流阻抗较低，不可将被测电缆终端短路，必须终端开路，否则路径仪将发生“自保”而停止工作。

6.当电缆发生三相短路故障，且故障距离较近时，为避免路径仪的自保现象，可在路径仪与被测电缆之间串接一个20Ω左右的10 W电阻，以确保信号的正常输出。

7.若探棒有故障需要修理时，可参考以下数据：在ϕ 10×140 mm的中波磁棒上，绕285匝漆包线，两端并联0.2μF的电容器，构成15 kHz谐振回路。在70匝处抽头，与插头的隔离芯线相连接，在线圈的始端与隔离线相连接。

第三节 电缆故障的精测定点

一、声测定点法

声测定点法，首先需要一个能使故障点产生规则放电的装置，利用该装置使故障点放电，然后才可以在粗测的距离附近，沿电缆线路，用拾音器来接收故障点的放电声波，以此来确定故障点的精确位置。

（一）基本原理

声测定点法是利用直流高压设备，向电容器充电、储能。当电容器电压达到球间隙击穿值时，电容器通过球间隙放电，向被测电缆的故障线芯施加冲击电压，当故障点击穿时，电容器中储存的电能将通过等效故障间隙或故障电阻放电。与此同时，将产生机械振动波和电磁波，然后利用拾音器，在粗测的故障距离附近，沿电缆路径进行听测。地面上振动最大、声音最响处，即为故障点的实际位置。

声测定点法简便、易行，准确性好，其绝对误差不大于±0.4m。

储能电容器的放电能量为$W_c=\frac{1}{2}CV^2$，当该放电能量不能使故障点击穿时，就需要提高放电能量W_c。途径之一是增加电容器的电容量C；途径之二是提高电容器的放电电压U。在电容器具有足够的电容量（一般为不小于4μF）的情况下，提高电容器放电电压U的效果更显著。另一方面，故障点的放电能量与放电电流I_X的平方成正比，与故障电阻R_X成正比。因此，当故障电阻R_X很低或金属性接地（R_X=0Ω）时，由于放电能量太小，而使

听测的音响效果极差，甚至听不到放电声音。这就是声测定点法不适于极低故障电阻或金属性接地故障的原因。因此，在实际测试工作中，当故障点放电声音太小或听不到音响时，切不可盲目增加放电能量。

（二）测试步骤

1.当故障为相间或相地型式时，被测电缆末端应开路；当故障为断线型式时，被测电缆加信号相的末端应接地。

2.将调压器TV调回零位。

3.适当调整球间隙距离，以控制放电电压的高低。一般地，放电电压不宜太高，只要故障点能够连续良好放电即可。对于低压电缆，放电电压应控制在10 kV以内；对于10 kV电缆，放电电压应控制在25 kV以内；对于35 kV电缆，放电电压应控制在40 kV以内。当冲击放电电压较高时，应考虑贮能电容器的承压能力。

4.合上电源开关，调节调压器匀速升压，根据放电电压的高低，重新调整放电球间隙的距离，直至达到所需要的放电电压，放电间隔时间以3 ～ 4 s为宜。每次停电调整球间隙时，应进行充分放电，并挂牢地线，以免伤人。

5.做好上述工作以后，即可按每间隔3 ～ 4 s放电一次的规律进行冲击放电，同时在粗测的故障距离附近，沿电缆线路进行听测。在听测过程中，需要有人监护冲击放电系统的工作状态，以免发生意外。

6.故障定点以后，应立即将调压器调回零位，切断电源。在电缆线芯及电容器上进行充分放电，并挂牢地线。

（三）测试技巧

1.当故障相加上直流高压，使故障点产生闪络放电时，既发射电磁波，又有机械振动波，定点仪接收的是机械振动波。当定点仪屏蔽不够理想时，电磁波可能会窜入，并形成假信号。电磁波与机械振动波的区别方法是：由于电磁波的音响是均衡的（无强弱变化），因此可以将探头离开地面听测，此时如果仍然有放电信号，则该信号为窜入的电磁波造成的假信号；此时若无放电信号，则探头放在地面上所听到的放电信号，就是故障点放电的机械振动波。

2.有时因环境干扰大，土质或电缆具体损坏情况不同等因素，故障点闪络放电传给探头的机械振动波很弱（塑料电缆易发生这种情况），定点比较困难。这时可以利用电缆故障点闪络放电时即发射电磁波又有机械振动波这一现象，使用两台定点仪。一台配用探头，并工作在“定点”挡；另一台配用探棒，并工作在“路径”挡。当两台定点仪在同一时刻，都接收到“啪啪”的音响信号时，说明该音响信号确为故障点发出的放电信号（电磁波和机械振动波），再找出最响点，即可定出准确的故障点。

3.寻找最响点的方法是：在定点过程中，如果已经听到有规律的“啪啪”的机械振动声（放电声），那么故障点就在离此不远的地方。此时应沿电缆走向，前后移动定点仪进行比较测量，同时减小定点仪的输出音量，逐渐缩小听测范围，最后集中于一个最响点。

4.对于极少数的（5%以下）金属性接地或故障电阻极低的电缆故障，由于故障点根本不放电或放电能量太小，不产生机械振动波或机械振动波极其微弱，也就无法听到音响信号。此时用声测定点法已不能确定故障点，应改用音频感应法精测定点。

（四）使用定点仪的注意事项

1.采用声测法进行定点时，放电球间隙不宜调得太大，以免由于长时间、高冲击电压的作用，使故障点转变成金属性接地故障而不再放电，造成定点的困难与麻烦。

2.定点仪在使用中要注意保护探头。探针插入土地时，应按既定方向（一般是垂直于地面）稍用力插，不得撬、旋转和摔跌。探头和探棒均不可随意拆卸，以免损坏。

3.若需要在硬路面或水泥路面上定点时，可将探头上的探针拧下，然后将探头平置于地面进行听测。

4.定点仪不用时，应及时关闭电源，以节约电池。

5.定点仪若出现杂音变大、灵敏度降低时，可能是电池不足，可将定点仪上的电池插门推开更换新电池。

6.若耳机中出现广播电台声，可能是输入馈线屏蔽层接触不良，及时修理馈线即可得到改善。

二、音频感应定点法

音频感应定点法适用于故障电阻小于10Ω的低阻故障定点。对于这种故障，当采用低压脉冲法粗测出大概的故障距离并确定好路径。由于故障点放电的机械振动波的传导受到屏蔽或相当大的外界干扰，或因故障电阻太小，放电能量极低，机械振动微弱，因而声测定点法不易定点。特别是金属性接地故障，由于故障点根本不放电，而使声测定点法无法定点，这时就需要采用音频感应法进行定点测试。

（一）基本原理

音频感应定点法和音频感应法探测电缆路径的原理是一样的。即：将音频信号发生器（路径仪）的输出端接在被测电缆的两故障相上，音频电流将从一芯通过故障点传到另一线芯，并回到音频信号源。然后用接收线圈（探棒），采用音峰法沿被测电缆的路径，接收音频信号电流的电磁波信号，根据耳机中音量的高低（或指示仪表指针偏转角的大小）

来确定故障点的位置。

当音频电流沿电缆一芯通过故障点，并经过另一线芯回到音频信号源时，沿途各点的电磁效应由于音频电流“去”和“来”的方向相反而趋于抵消。但由于电力电缆在制造成缆时，各线芯是互相扭绞在一起的，因此沿线任意点两被测线芯的连线可能垂直于地面，也可能平行于地面。这样，沿线各点的电磁场的合成量就是不一样的。当在地面上采用音峰法探测时，测得的信号强度随两线芯相对于地面的相对位置而变化。当两线芯连线与地面垂直时，接收到的信号较强；当两线芯连线与地面平行时，接收到的信号较弱。在故障点，由于短路电流的磁通相同不能抵消，所以接收到的信号最大。最后，测到的信号最大值处即为故障点。过了故障点以后（大约1.5 m），由于电缆内只有杂散电流而无音频电流，所以接收到的信号几乎为零且振幅不变。

（二）仪器与设备

1. 音频信号发生器

音频信号发生器是音频感应定点法的主要设备，可分为电子管和晶体管音频信号发生器两大类。前者虽然输出功率大，但其体积大、笨重、携带不方便，因此应用较少。

2. 接收机

在故障电缆线路上，根据故障性质的不同，选用不同的探头来接收故障点磁场或电场的变化，并将接收的信号送入接收机进行放大，然后输出给耳机或指示仪表。测试人员根据耳机中信号音量或指示仪表指针的偏转角来判断故障点的位置。

实际上，接收机就是一个低频放大器，对它主要有三点要求。

（1）放大倍数

一般来讲，放大倍数越大，接收机的灵敏度越高。但是，当放大倍数过大时，外界干扰也就显得更加突出了，这个矛盾由以下两点要求来解决。

（2）选频特性

要使接收机具有良好的选频特性，一般可采用两种方法：其一是在接收机中采用双T电桥选频网络，即由RC构成选频网络；其二是使用有源滤波器，只让某一频带的音频信号通过。

（3）滤波特性

主要是在接收机中使用滤波电容，以滤去50 Hz的工频干扰。

3. 接收机用探头

（1）电感探头

在ϕ 10×140 mm的中波磁棒上，绕285匝漆包线，两端并联0.2μF的电容器，构成15 kHz振荡回路，亦即电感探头。电感探头主要接收磁场变化信号。一般在相间短路（或接地），而且故障点前后电流有变化的场合使用电感探头。

（2）电容探头

电容探头是由一块金属片制成的。主要用于探测电场的变化。在电缆发生断线时，故障点前电位高、电场强；故障点以后电位趋于零，电场弱；故障点处电场最强，音量最大。根据电容探头探测到的故障点前后的电场强弱变化，即可判断出断线故障点的准确位置。可见，电容探头适用于探测断线故障。

（3）差动电感探头

差动电感探头是由两个相同的电感探头组合而成。它通过输出变压器T，与放大器的输入端相接，主要用于具有强电场干扰的场合探测直埋电缆的故障点，特别适用于短路或接地性故障。

（三）测试方法

1.相间短路故障的探测

采用音频感应定点法探测两相或三相的相间短路故障点位置时，是向两短路线芯施加音频电流，然后在地面上用电感探头接收信号，并将其送入接收机进行放大，再用耳机或指示仪表鉴别信号的变化。沿电缆线路，直至测到信号的最后一个峰值和突然中断处，即可判断出故障点的准确位置。相间短路或接地故障，采用音频感应定点法确定故障点比较灵敏。

2.单相接地故障的探测

单相接地故障点位置的探测，首先应将音频信号发生器的输出端接在被测电缆的故障相与地线（金属铠装或铅包）上，当所施加的音频电流到达故障点以后，经过故障电阻分成两路。一路由故障点沿电缆地线（金属铠装或铅包）和大地直接返回测试端；另一路经由电缆地线（金属铠装或铅包）和大地流向电缆的末端，再经大地返回到测试端。这样就使整个电缆线路都有音频信号电流流过。

在故障点前后，产生磁通的电流（或合成电流）大小相等，方向相同。此时若采用一般的电感探头接收信号，则会在整个电缆线路都能接收到大小相等的均恒信号，因而无法确定故障点。

遇到上述情况，必须采用特殊的差动电感探头来测试。使用差动电感探头时，在故障点之前和之后，由于差动的作用，接收到的信号都极弱。在故障点之前，因为电缆线芯绞合的缘故，可以接收到略大于故障点之后的信号。但是，当差动电感探头跨越故障点时，由于故障点前后的信号强度略有差异，因此，差动电感探头可以接收到很强的信号。在使用差动电感探头时，应让探头的两个探棒都平行于电缆，并沿电缆的走向进行探测，不应偏移或转向。若发现差动不起作用，杂散干扰大，可将两个探头中的任意一个，在水平面

内旋转180°即可。

3. 断线故障的探测

在探测电缆断线故障时，被测电缆的末端应连同金属铠装（或铅包）一同短路并接地。而被测电缆的测试端与音频信号发生器的连接方法，要视断线的相数情况而定。

（1）单相断线

音频信号发生器的两输出端分别接在断线相和另外两好相上。

（2）两相断线

音频信号发生器的两输出端分别接在两断线相和另一好相上。

（3）三相断线

音频信号发生器的两输出端分别接在三个断线相和地（金属铠装或铅包）上。

在探测断线故障时，应尽量提高音频信号发生器的输出功率，然后采用电容探头接收该电场的变化信号。在故障点之前，接收到的信号较强，但恒定不变；在故障点处，接收到的信号有峰值产生；过故障点之后，接收到的信号骤然下降。

（四）注意事项

在采用音频感应定点法进行定点时，感应线圈在地面上接收到的信号往往会突然变弱，甚至完全消失，其原因大致有以下三点：①电缆的埋设深度突然增加；②电缆上面有铁质覆盖物；③电缆穿入铁质导管中。

实际上，在现场应用音频感应定点法确定故障点的精确位置并不十分容易，因为有许多随机变化的因素。例如，合成电磁场的幅值、相角与故障电阻的大小有关，与故障点前后电缆的长度有关，也与所采用的音频信号的频率有关。所以，在实际测试工作中，真正能熟练掌握这种方法的人并不多，这主要还是实际中的纯短路故障极少，人们用该方法实践的机会与条件匮乏的缘故。

三、时差定点法

当采用高压冲击放电装置，对故障电缆施加高压（20 ~ 30 kV）冲击脉冲（周期为3 ~ 4 s）时，电缆故障点闪络放电，产生很强的闪络声，同时也将产生瞬时强磁场。闪络声和电磁场均由同一点在地下向外传播，利用时差定点仪接收器在地面接收这两个信号，磁场的传播速度近似于光速，而闪络声在地下与空气中的传播速度相当。由于光速远远大于声速，因此电磁场与闪络声到达同一接收点（接收器所在位置）的时间是有差异的，故障点与接收器所在处的距离越小，这个时间差值就越小。时差定点仪将自动探测两种信号，并指示出时间差。移动接收器的位置，直至时间差达到最小值时，接收器就在故障点的正上方。

时差定点法能有效地避免声测定点法时异常声响对测试工作的干扰。

时差定点法的测试方法与测试注意事项与声测定点法完全相同，这里不再赘述。

四、同步定点法

与时差定点法类似，当故障电缆处于噪声较大的环境周围时，噪声干扰严重影响了声测定点法的定位精度，此时可选择时差定点法，也可采用同步定点法。同步定点法如同时差定点法一样，首先使故障点放电，放电产生的声信号和电磁信号都将被同步定点仪接收，而且只有在同时接收到声信号和电信号时，控制门才能有输出，耳机中才可以听到清晰的“啪啪”声，同时微安表才有输出指示。否则输出为零，即耳机中无声响，微安表无指示。沿电缆线路移动接收器的位置，直至耳机中声音最响，同时微安表输出最大时，接收器就在故障点的正上方。

同步定点法的测试方法和测试注意事项与声测定点法完全相同，这里不再赘述。

五、特殊定点法

（一）明敷电缆故障的定点

在电缆沟、隧道、桥架等裸露部位明敷的电缆发生低阻故障时，由于故障电阻太低或金属性接地等原因而使声测定点法失效。对于多并运行的电缆，用一般的音频感应定点法也难以判断故障点的位置，这时可以使用下面介绍的简单、直观、方便的特殊方法来进行精测定点。

1.局部过热法

在粗测出故障距离以后，对故障电缆进行冲击放电，或用直流耐压击穿故障点的方法，使故障点通过一定的电流。由于故障点具有一定的电阻，当电流流过该电阻时，将产生热效应。经过一段时间（20 ~ 30 min）的冲击放电（或反复的耐压击穿）后，停止冲击放电，并进行充分放电、挂牢地线，然后立即在粗测的故障距离附近用手触摸电缆，故障电缆上的温度最高点即为故障点。

这种方法适用于电缆三头部位和电缆线路上便于用手触摸部位的故障点定点。该方法能准确地确定故障点的位置。但是，在应用过程中必须注意安全，用手触摸前，一定要充分放电并挂牢地线。

2.跨步电压法

对于单相接地或多相短路或接地故障，特别是金属性接地故障，只要是明敷的裸露电缆均可采用跨步电压法进行精测定点。

跨步电压法的测量方法是：在故障相与地（金属屏蔽层或铅包）之间，接上可调的直

流电源，然后在粗测出的故障距离附近，在跨距500 mm的两端，轻轻撬起一小块外护层和钢带，露出屏蔽铜带或铅包并处理干净。上述准备工作就绪以后，接通直流电源，使故障点流过5 ~ 10 A的电流，同时用毫伏表或微安计测量跨步电压。

该方法的定点精度很高，但在测试时需要多次破坏电缆外护层，因此在实际测试工作中应尽量避免使用；采用该方法定点以后，应立即将电缆外护层的破损处修复。

3.偏心磁场法

对于单相接地，特别是金属性接地故障，在故障相与地之间通入电流，当电流到达故障点后，流入钢铠或铅包，并分成两路向故障电缆的两端流去，从而引起整个电缆线路都有音频信号电流。

发生上述情况时，除整个电缆线路上都有音频信号电流以外，还有另一个特点，即：由于该电流是加在电缆单芯上的，偏离了电缆的中心轴线（单芯电缆除外），因此它产生的磁场也是偏离电缆中心轴线的，称为偏心磁场。根据这一特点，在故障点之前，由于音频电流产生偏心磁场，当接收线圈围绕故障电缆周围表面旋转一周时，线圈中接收到的磁场（音量）信号将有强弱变化；而在故障点之后，由于只有均匀分布的钢铠或铅包电流，无线芯电流，则接收线圈围绕故障电缆周围表面旋转一周时，线圈中接收到的磁场（音量）信号无强弱变化，因此可以确定故障点的位置。

（二）低压电力电缆故障的定点

这里所谈的低压电力电缆，系指220 ~ 380 V动力电缆。低压电力电缆多以橡胶或塑料作为绝缘材料，其绝缘层厚度较薄，在结构上，一般没有屏蔽层。因此，在测寻低压电力电缆故障时，不能照搬高压电力电缆故障的测寻方法。对于故障距离的粗测和路径的探测，可参照高压电力电缆故障的测寻方法，但精测定点时有所不同，高压电力电缆多采用声测定点法，其冲击放电电压可达20 ~ 30 kV，这样高的冲击电压如果长时间作用于低压电力电缆，则对绝缘层是不利的。因此，测寻低压电力电缆故障时，应尽量避免采用高压冲击放电的方式进行较长时间的精测定点。若采用声测定点法进行较长时间的精测定点时，应首先根据电缆的绝缘材料及其厚度和导体线芯的半径，推算出绝缘层的耐电强度，调整冲击放电电压，不得超过绝缘层耐电强度的2/3，以免损伤绝缘层。一般来讲，低压电力电缆应采用以下办法定点。

1.断线故障的定点

低压电力电缆的截面一般较小，多为明敷且移动频繁，容易受到损伤，造成断线故障。这类故障在粗测出故障距离以后，应采用音频感应法定点，最好配合使用电容探头接收电场变化信号。

电场的强弱与电位的高低有关。在故障电缆埋设较深、外界干扰较强的情况下，除需要一台灵敏度高、抗干扰能力强的接收机以外，还应提高音频信号发生器的输出量。直埋电缆故障的探测要比明敷电缆故障的探测困难得多。

2. 相间短路和接地故障的定点

低压电力电缆相间短路和接地故障的测寻，在相间短路（两相或三相短路故障）或一相接地（单相接地）时，其定点的方法应采用音频感应定点法。

测寻相间短路故障时，应采用电感探头；测寻单相接地故障时，特别在干扰较大的情况下，最好采用差动电感探头。

第七章　电力电缆的运行维护

第一节　电力电缆线路运行维护的内容和要求

一、电力电缆线路运行维护工作范围

为满足电网和用户不间断供电，以先进科学技术、经济高效手段，提高电缆线路的供电可靠性和电缆线路的可用率，确保电缆线路安全经济运行，应对电缆线路进行运行维护。其范围如下：

（一）电缆本体及电缆附件

各电压等级的电缆线路（电缆本体、控制电缆）、电缆附件接头、终端的日常运行维护。

（二）电缆线路的附属设施

1.电缆线路附属设备（电缆接地线、交叉互联线、回流线、电缆支架、分支箱、交叉互联箱、接地箱、信号装置、通风装置、照明装置、排水装置、防火装置、供油装置）的日常巡查维护。

2.电缆线路附属其他设备（环网柜、隔离开关、避雷器）的日常巡查维护。

3.电缆线路构筑物（电缆沟、电缆管道、电缆井、电缆隧道、电缆竖井、电缆桥梁、电缆架）的日常巡查维护。

二、电力电缆线路运行维护基本内容

（一）电缆线路的巡查

1.运行部门应根据《电力法》及有关电力设施保护条例，宣传保护电缆线路的重要性。了解和掌握电缆线路上的一切情况，做好保护电缆线路的防外力损坏工作。

2.巡查各种电压等级的电缆线路，观察路面状态正常与否。

3.巡查各种电压等级的电缆线路有无化学腐蚀、电化学腐蚀、虫害鼠害迹象。

4.对运行电缆线路的绝缘（电缆油）进行事故预防监督工作：①原则上不允许过负荷，每年夏季高温或冬、夏电网负荷高峰期，多根电缆并列运行的电缆线路载流量巡查及负荷电流监视；②电力电缆比较密集和重要的运行电缆线路，进行电缆表面温度测量；③电缆线路上，防止（交联电缆、油纸电缆）绝缘变质预防监视；④充油电缆内的电缆油，进行介质损耗和击穿强度测量。

（二）电缆线路设备连接点的巡查

1.户内电缆终端巡查和检修维护。

2.户外电缆终端巡查和检修维护。

3.单芯电缆保护器定期检查与检修维护。

4.分支箱内终端定期检查与检修维护。

（三）电缆线路附属设备的巡查

1.各类线架（电缆接地线、交叉互联线、回流线、电缆支架）定期巡查和检修维护。

2.各类箱型（分支箱、交叉互联箱、接地箱）定期巡查和检修维护。

3.各类装置（信号装置、通风装置、照明装置、排水装置、防火装置、供油装置）巡查：①装有自动信号控制设施的电缆井、隧道、竖井等场所，应定期检查和检修维护；②装有自动温控机械通风设施的隧道、竖井等场所，应定期检查和检修维护；③装有照明设施的隧道、竖井等场所，应定期检查和检修维护；④装有自动排水系统的电缆井、隧道等场所，应定期检查和检修维护；⑤装有自动防火系统的隧道、竖井等场所，应定期检查和检修维护；⑥装有油压监视信号、供油系统及装置的场所，应定期检查和检修维护。

4.其他设备（环网柜、隔离开关、避雷器）的定期巡查和检修维护。

（四）电缆线路构筑物的巡查

1.电缆管道和电缆井的定期检查与检修维护。

2.电缆沟、电缆隧道和电缆竖井的定期检查与检修维护。

3.电缆桥及过桥电缆、电缆桥架的定期检查与检修维护。

（五）水底电缆线路的监视

1.按水域管辖部门的航运规定，划定一定宽度的防护区，禁止船只抛锚。

2.按船只往来频繁情况，配置能引起船只注意的警示设施，必要时设置望岗哨。

3.收集电缆水底河床资料，并检查水底电缆线路状态变化情况。

三、电力电缆线路运行维护要求

（一）电缆线路运行维护分析

1. 电缆线路运行状况分析

（1）对有过负荷运行记录或经常处于满负荷或接近满负荷运行电缆线路，应加强电缆绝缘监测，并记录数据进行分析。

（2）要重视电缆线路户内、户外终端及附属设备所处环境，检查电缆线路运行环境和有无机械外力存在，以及对电缆附件及附属设备有影响的因素。

（3）积累电缆故障原因分析资料，调查故障的现场情况和检查故障实物，并收集安装、运行原始资料进行综合分析。

（4）对电缆绝缘老化状况变化的监测，对油纸电缆和交联电缆线路运行中的在线监测，记录绝缘检测数据，进行寻找老化特征表现的分析。

2. 制定电缆线路反事故措施

（1）加强运行管理和完善管理机制，对电缆线路安装施工过程控制、电缆线路设备运行前验收把关、竣工各类电缆资料等均做到动态监视和全过程控制。

（2）改善电缆线路运行环境，消除对电缆线路安全运行构成威胁的各种环境影响因素和其他影响因素。

（3）使电缆线路安全经济运行，对电缆线路运行设备老化等状况，应有更新改造具体方案和实施计划。

（4）使电缆线路适应电网和用户供电需求，对不适应电网和用户供电需求的电缆线路，应重新规划布局，实施调整。

（二）电缆线路运行技术资料管理

1. 电缆线路的技术资料管理是电缆运行管理的重要内容之一。电缆线路工程属于隐蔽工程，电缆线路建设和运行的全部文件和技术资料，是分析电缆线路在运行中出现的问题和确定采取措施的技术依据。

2. 建立电缆线路一线一档管理制度，每条线路技术资料档案包括以下四大类资料：①原始资料：电缆线路施工前的有关文件和图纸资料存档；②施工资料：电缆和附件在安装施工中的所有记录和有关图纸存档；③运行资料：电缆线路在运行期间逐年积累的各种技术资料存档；④共同性资料：与多条电缆线路相关的技术资料存档。

（三）电缆线路运行信息管理

1. 建立电缆线路运行维护信息计算机管理系统，做到信息共享，规范管理。

2.运行部门管理人员和巡查人员，应及时输入和修改电缆运行计算机管理系统中的数据与资料。

3.建立电缆运行计算机管理的各项制度，做好运行管理和巡查人员计算机操作应用的培训工作。

4.电缆运行信息计算机管理系统，设有专人负责电缆运行计算机硬件和软件系统的日常维护工作。

四、电力电缆线路运行维护技术规程

（一）电缆线路基本技术规定

1.电缆线路的最高点与最低点之间的最大允许高度差应符合电缆敷设技术规定。

2.电缆的最小弯曲半径应符合电缆敷设技术规定。

3.电缆在最大短路电流作用时间内产生的热效应，应满足热稳定条件。系统短路时，电缆导体的最高允许温度应符合《电力电缆线路运行规程》（DL/T 1253—2013）规定。

4.电缆正常运行时的长期允许载流量，应根据电缆导体的工作温度、电缆各部分的损耗和热阻、敷设方式、并列条数、环境温度及散热条件等加以计算确定。电缆在正常运行时不允许过负荷。

5.电缆线路运行中，不允许将三芯电缆中的一芯接地运行。

6.电缆线路的正常工作电压，一般不得超过电缆额定电压的15%。电缆线路升压运行，必须按升压后的电压等级进行电气试验及技术鉴定，同时须经技术主管部门批准。

7.电缆终端引出线应保持固定，其带电裸露相与相之间部分乃至相对地部分的距离应符合技术规定。

8.运行中电缆线路接头，终端的铠装、金属护套、金属外壳应保持良好的电气连接，电缆及其附属设备的接地要求应符合《电气装置安装工程接地装置施工及验收规范》（DL/T 5852–2022）。

9.充油电缆线路正常运行时，其线路上任一点的油压都应在规定值范围内。

10.对运行电缆及其附属设备可能着火蔓延导致严重事故，以及容易受到外部影响波及火灾的电缆密集场所，必须采取防火和阻止延燃的措施。

11.电缆线路及其附属设备、构筑物设施，应按周期性检修要求进行检修和维护。

（二）单芯电缆运行技术规定

1.在三相系统中，采用单芯电缆时，三根单芯电缆之间距离的确定，要结合金属护套或外屏蔽层的感应电压和由其产生的损耗、一相对地击穿时危及邻相可能性、所占线路通

道宽度及便于检修等各种因素，全面综合考虑。

2.除了充油电缆和水底电缆外，单芯电缆的排列应尽可能组成紧贴的正三角形。三相线路使用单芯电缆或分相铅包电缆时，每相周围应无紧靠铁件构成的铁磁闭合环路。

3.单芯电缆金属护套上任一点非接地处的正常感应电压，无安全措施不得大于50 V或有安全措施不得大于300 V，电缆护层保护器应能承受系统故障情况下的过电压。

4.单芯电缆线路当金属护套正常感应电压无安全措施大于50 V或有安全措施大于300 V时，应对金属护套层及与其相连设备设置遮蔽，或者采用将金属护套分段绝缘后三相互联方法。

5.交流系统单芯电缆金属护套单点直接接地时，其接地保护和接地点选择应符合有关技术规定，并且沿电缆邻近平行敷设一根两端接地的绝缘回流线。

6.单芯电缆若有加固的金属加强带，则加强带应和金属护套连接在一起，使两者处于同一电位。有铠装丝单芯电缆无可靠外护层时，在任何场合都应将金属护套和铠装丝两端接地。

7.运行中的单芯电缆，一旦发生护层击穿而形成多点接地时，应尽快测寻故障点并予以修复。因客观原因无法修复时，应由上级主管部门批准后，通知有关调度降低电缆运行载流量。

（三）电缆线路安装技术规定

1.电缆直接埋在地下，对电缆选型、路径选择、管线距离、直埋敷设等的技术要求。

2.电缆安装在沟道及隧道内，对防火要求、允许间距、电缆固定、电缆接地、防锈、排水、通风、照明等的技术要求。

3.电缆安装在桥梁构架上，对防震、防火、防胀缩、防腐蚀等的技术要求。

4.电缆敷设在排管内，对电缆选型、排管材质、电缆工作井位置等的技术要求。

5.电缆敷设在水底，对电缆铠装、埋设深度、电缆保护、平行间距、充油电缆油压整定等的技术要求。

6.电缆安装的其他要求，如对气候低温电缆敷设、电缆防水、电缆终端相间及对地距离、电缆线路铭牌、安装环境等的技术要求。

（四）电缆线路运行故障预防技术规定

1.电缆化学腐蚀是指电缆线路埋设在地下，因长期受到周围环境中的化学成分影响，逐渐使电缆的金属护套遭到破坏或交联聚乙烯电缆的绝缘产生化学树脂，最后导致电缆异常运行甚至发生故障。

2.电缆电化学腐蚀是指电缆运行时，部分杂散电流流入电缆，沿电缆的外导电层（金属屏蔽层、金属护套、金属加强层）流向整流站的过程中，其外导电层逐步受到破坏，因长期受到周围环境中直流杂散电流的影响，最后导致电缆异常运行甚至发生故障。

3.电缆线路应无固体、液体、气体化学物质引起的腐蚀生成物。

4.电缆线路应无杂散（直流）电流引起的电化学腐蚀。

5.为了监视有杂散（直流）电流作用地带的电缆腐蚀情况，必须测量沿电缆线路铅包（铝包）流入土壤内杂散电流密度。阳极地区的对地电位差不大于+1 V及阴极地区附近无碱性土壤存在时，可认为安全，但对阳极地区仍应严密监视。

6.直接埋设在地下的电缆线路塑料外护套遭受白蚁、老鼠侵蚀情况，应及时报告当地相关部门采取灭治处理。

7.电缆运行部门应了解有腐蚀危险的地区，必须对电缆线路上的各种腐蚀做分析，并有专档记载腐蚀分析资料。设法杜绝腐蚀的来源，及时采取防止对策，并会同有关单位，共同做好防腐蚀工作。

8.对油纸电缆绝缘变质事故的预防巡查，黏性浸渍纸绝缘1.5年以上的部分予以更换。

第二节　电力电缆设备巡视

一、电力电缆线路的巡查周期和内容

（一）电力电缆线路巡查的一般规定

1.电缆线路巡查目的

对电缆线路巡查的目的是监视和掌握电缆线路和所有附属设备运行情况，及时发现和消除电缆线路和所有附属设备异常和缺陷，预防事故发生，确保电缆线路安全运行。

2.设备巡查的方法及要求

（1）巡查方法

巡查人员在巡查中一般通过察看、听嗅、检测等方法对电缆线路设备进行检查。

（2）安全事项

①电缆线路设备巡查时，必须严格遵守《电力安全工作规程（线路部分）》和企业管理标准相关规定，做到不漏巡、错巡，不断提高电缆线路设备巡查质量，防止设备事故发生。

②允许单独巡查高压电缆线路设备的人员名单应经安监部门审核批准。新进人员和实

习人员不得单独巡查。

③巡查电缆线路户内设备时应随手关门，不得将食物带入室内，电站内禁止烟火，巡查高压电缆设备时，应戴安全帽并按规定着装，应按规定的路线、时间进行。

（3）巡查质量

①巡查人员应按规定认真巡查电缆线路设备，对电缆线路设备异常状态和缺陷做到及时发现，认真分析，正确处理，做好记录并按电缆运行管理程序进行汇报。

②电缆线路设备巡查应按季节性预防事故特点，根据不同地区、不同季节的巡查项目检查侧重点不同进行。例如，电缆所在电站和构筑物内的防水、防火、防小动物；冬季的防暴风雪、防寒冻、防冰雹；夏季的雷雨迷雾和沙尘天气的防污闪、防渗水漏雨；构筑物内的照明通风设施、排水防火器材是否完善；等等。

3.电缆线路巡查周期

（1）电缆线路及电缆线段巡查

①敷设在土中、隧道中及沿桥梁架设的电缆，每3个月至少检查一次。根据季节及基建工程特点，应增加巡查次数。

②电缆竖井内的电缆，每半年至少检查一次。

③水底电缆线路，根据具体现场需要规定，如水底电缆直接敷于河床上，可每年检查一次水底路线情况。在潜水条件允许下，应派遣潜水员检查电缆情况；当潜水条件不允许时，可测量河床的变化情况。

④发电厂、变电所的电缆沟、隧道、电缆井、电缆架及电缆线段等的巡查，至少每3个月一次。

⑤对挖掘暴露的电缆，按工程情况酌情加强巡视。

（2）电缆终端附件和附属设备巡查

①电缆终端头，由现场根据运行情况每1 ~ 3年停电检查一次。

②装有油位指示的电线终端，应检视油位高度，每年冬、夏季节必须检查一次油位。

③对于污秽地区的主设备户外电线终端，应根据污秽地区的定级情况及清扫维护要求巡查。

4.电缆线路巡查分类

电缆线路设备巡查分为周期巡查，故障、缺陷的巡查，异常天气的特别巡查，电网保电特殊巡查等。

（1）周期巡查

①周期巡查是按规定周期和项目进行的电缆线路设备巡查。

②周期巡查项目包括电缆线路本体、电缆终端附件、电缆线路附属设备、电缆线路上构筑物等。

③周期巡查结果应记录在运行周期巡查日志中。

（2）故障、缺陷的巡查

①故障、缺陷的巡查是在电缆线路设备出现保护动作，或线路出现跳闸动作，或发现电缆线路设备有严重缺陷等情况下进行的电缆线路设备重点巡查。

②故障、缺陷的巡查项目包括电缆线路本体、电缆终端附件、电缆线路附属设备等。

③故障、缺陷的巡查结果应记录在运行重点巡查交接日志中。

（3）异常天气的特别巡查

①异常天气的特别巡查是在暴雨、雷电、狂风、大雪等异常气候条件下进行的电缆线路设备特别巡查。

②异常天气的特别巡查项目包括电缆终端附件、电缆线路附属设备等。

③异常天气的特别巡查结果应记录在特别巡查交接日志中。

（4）电网保电特殊巡查

①电网保电特殊巡查是在因电缆线路故障造成单电源供电运行方式状态、特殊运行方式、特殊保电任务、电网异常等特定情况下进行的电缆线路设备特殊巡查。

②电网保电巡查项目包括电缆线路本体、电缆终端附件、电缆线路附属设备等。

③电网保电巡查结果应记录在运行特殊巡查日志中。

（二）电力电缆线路巡查流程

电缆线路巡查包括巡查安排、巡查准备、核对设备、检查设备、巡查汇报等部分内容。

1. 电缆线路巡查流程

①巡查人员编排月度巡查周期表，班长审核，电缆运行管理护线专责审批。

②班长布置每日工作：当日巡查责任线路、巡查区域内的施工工地检查、特巡和保电线路。

③巡查人接受任务，安排当日巡查行进路线优化方案。

④依据行进线路，进行电缆线路周期巡查，施工工地检查，特巡和保电线路巡查。

⑤当日巡查正常并记录。巡查中发现缺陷，应按电缆缺陷管理规定和缺陷处理闭环流程执行。

⑥班长组织班组每日收工会，巡查人员汇报当日巡查工作情况，并抽查巡查人员的巡视记录。

⑦班长将收工会内容和抽查巡查人员的记录备案。

2. 电缆线路巡查的内容

（1）巡查安排

设备巡查工作安排，依据巡查人员管辖的责任设备和责任区域，明确巡查任务的性质

（周期巡查、交接班巡查、特殊巡查），并根据现场情况提出安全注意事项。特殊巡查还应明确巡查的重点及对象。

（2）巡查准备

根据巡查性质，检查所需使用的钥匙、工器具、照明器具，以及测量仪器具是否正确、齐全；检查着装是否符合安全工作规程规定；检查巡查人员对巡查任务、注意事项和重点是否清楚。

（3）核对设备

开始巡查电缆设备，巡查人员记录巡查开始时间。设备巡查应按巡查性质、责任设备、项目内容进行，不得漏巡。到达巡查现场后，巡查人员根据巡查内容认真核对电缆设备铭牌。

（4）检查设备

设备巡查时，巡查人员根据巡查内容，逐一巡查电缆设备部位。依据巡查性质逐项检查设备状况，并将巡查结果做记录。巡查中发现紧急缺陷时，应立即终止其他设备巡查，仔细检查缺陷情况，详细记录在运行工作记录簿中。巡查中，巡查负责人应做好其他巡查人的安全监护工作。

（5）巡查汇报

全部设备巡查完毕后，由巡查责任人填写巡查结束时间、巡查性质，所有参加巡查人分别签名。巡查发现的设备缺陷，应按照缺陷管理进行判断分类定性，并详细向上级汇报设备巡查结果。

（三）电力电缆线路的巡查项目及要求

1.电缆线路及线段的巡查

（1）巡查各种电压等级的电缆线路，观察路面状态正常与否。

①对电缆线路及线段，查看路面正常，无挖掘痕迹，打桩及路线标志牌完整无缺等。

②敷设在地下的直埋电缆线路上，不应堆置瓦砾、矿渣、建筑材料、笨重物件、酸碱性排泄物或砌堆石灰坑等。

③在直埋电缆线路上的松土地段通行重车，除必须采取保护电缆措施外，还应将该地段详细记入守护记录簿内。

（2）巡查各种电压等级的电缆线路有无化学腐蚀、电化学腐蚀、虫害鼠害迹象。

①巡查电缆线路有被腐蚀状或嗅到电缆线路附近有腐蚀性气味时，采用pH值化学分析来判断土壤和地下水对电缆的侵蚀程度（如土壤和地下水中含有有机物、酸、碱等化学物质，酸与碱的pH值小于6或大于8等）。

②巡查电缆线路时，发现电缆金属护套铅包（铝包）或铠装呈痘状及带淡黄或淡粉红

的白色，一般可判定为化学腐蚀。

③巡查电缆线路时，发现电缆被腐蚀的化合物为呈褐色的过氧化铅，一般可判定为阳极地区杂散电流（直流）电化学腐蚀；发现电缆被腐蚀的化合物为呈鲜红色（也有呈绿色或黄色）的铅化合物，一般可判定为阴极地区杂散电流（直流）电化学腐蚀。

④当发现电缆线路有腐蚀现象时，应调查腐蚀来源，设法从源头上切断，同时采取适当防腐措施。并在电缆线路专档中记载发现腐蚀、化学分析、防腐处理的资料。

⑤对已运行的电缆线路，巡查中发现沿线附近有白蚁繁殖，应立即报告当地白蚁防治部门灭蚁，采用集中诱杀和预防措施，以防运行电缆受到白蚁侵蚀。

⑥巡查电缆线路时，发现电缆有鼠害咬坏痕迹，应立即报告当地卫生防疫部门灭鼠。并对已经遭受鼠害的电缆进行处理，亦可更换为防鼠害的高硬度特殊护套电缆。

（3）电缆线路负荷监视巡查。运行部门在每年夏季高温或冬、夏电网负荷高峰期间，通过测量和记录手段，做好电缆线路负荷巡查及负荷电流监视工作。

目前较先进的运行部门与电力调度的计算机联网（也称为PMS系统），随时可监视电缆线路负荷实时曲线图，掌握电缆线路运行动态负荷。

电缆线路过负荷反映出来的损坏部件大体可分为下面五类：①造成导体接点的损坏，或是造成终端头外部接点的损坏；②因过热造成固体绝缘变形，降低绝缘水平，加速绝缘老化；③使金属铅护套发生龟裂现象，整条电缆铅包膨胀，在铠装隙缝处裂开；④电缆终端盒和中间接头盒胀裂，是因为灌注在盒内的沥青绝缘胶受热膨胀所致，在接头铅封和铠装切断处，其间露出的一段铅护套，可能由于膨胀而裂开；⑤电缆线路过负荷运行带来加速绝缘老化的后果，缩短电缆寿命和导致电缆金属护套的不可逆膨胀，并会在电缆护套内增加气隙。

（4）运行电缆要检查外皮的温度状况

①电缆线路温度监视巡查。在电力电缆比较密集和重要的电缆线路上，可在电缆表面装设热电偶测试电缆表面温度，确定电缆无过热现象。

②应选择在负荷最大时和在散热条件最差的线段（长度一般不少于10 m）进行检查。

③电缆线路温度测温点选择。在电缆密集和有外来热源的地域可设点监视，每个测量地点应装有两个测温仪，检查该地区地温是否已超过规定温升。

④运行电缆周围的土壤温度按指定地点定期进行测量。夏季一般每2周一次，冬、夏负荷高峰期间每周一次。

⑤电缆的允许载流量在同一地区随着季节温度的变化而不同。运行部门在校核电缆线路的额定输送容量时，为了确保安全运行，按该地区的历史最高气温、地温和该地区的电缆分布情况，按照规定做出适当校正。

2.电缆终端附件的巡查

（1）户内、户外电缆终端巡查

①电缆终端无电晕放电痕迹，终端头引出线接触良好，无发热现象，电缆终端接地线良好。

②电缆线路铭牌正确及相位颜色鲜明。

③电缆终端盒内绝缘胶（油）无水分，绝缘胶（油）不满者应予以补充。

④电缆终端盒壳体及套管有无裂纹，套管表面无放电痕迹。

⑤电缆终端垂直保护管，靠近地面段电缆无被车辆撞碰痕迹。

⑥装有油位指示器的电缆终端油位正常。

⑦高压充油电缆取油样进行油试验，检查充油电缆的油压力，定期抄录油压。

⑧单芯电缆保护器巡查。测量单芯电缆护层绝缘，检查安装有保护器的单芯电缆在通过短路电流后阀片或球间隙有无击穿或烧熔现象。

（2）电缆线路绝缘监督巡查

①对电缆终端盒进行巡查，发现终端盒因结构不密封有漏油和安装不良导致油纸电缆终端盒绝缘进水受潮、终端盒金属附件及瓷套管胀裂等问题时，应及时更换。

②填有流质绝缘油的终端头，一般应在冬季补油。

③须定期对黏性浸渍油纸电缆线路进行巡查。应针对不同敷设方式的特点，加强对电缆线路的机械保护，电缆和接头在支架上应有绝缘衬垫。

④对充油电缆内的电缆油进行巡查。一般2 ~ 3年测量一次介质损失角正切值、室温下的击穿强度，试验油样取自远离油箱的一端，必要时可增加取样点。

⑤为预防漏油失压事故，充油电缆线路只要安装完成后，不论是否投入运行，巡查其油压示警系统。如油压示警系统因检修需要较长时间退出运行，则必须加强对供油系统的监视巡查。

⑥对交联电缆绝缘变质事故的预防巡查。采用在线检测等方法来探测交联聚乙烯电缆绝缘性能的变化。

⑦对交联聚乙烯电缆在任何情况下密封部位巡查，防止水分进入电缆本体产生水树枝渗透现象。

⑧对交联聚乙烯电缆线路运行故障的电缆绝缘进行外观辨色和切片检测。

3.电缆线路附属设施的巡查

（1）地面电缆分支箱巡查

①核对分支箱铭牌无误，检查周围地面环境无异常，如无挖掘痕迹、无地面沉降。

②检查通风及防漏情况良好。

③检查门锁及螺栓、铁件油漆状况。

④分支箱内电缆终端的检查内容与户内终端相同。

（2）电缆线路附属设备巡查

①装有自动温控机械通风设施的隧道、竖井等场所巡查。内容包括排风机的运转正常，排风进出口畅通，电动机绝缘电阻、控制系统继电器的动作准确，绝缘电阻数值正常，表计准确等。

②装有自动排水系统的工井、隧道等的巡查。内容包括水泵运转正常，排水畅通，逆止阀正常，电动机绝缘电阻正常，控制系统继电器的动作准确，自动合闸装置的机械动作正常，表计准确等。

③装有照明设施的隧道、竖井等场所巡查。内容包括照明装置完好无损坏，漏电保护器正常，控制系统继电器的动作准确，绝缘电阻数值正常，表计、开关准确并无损坏等。

④装有自动防火系统的隧道、竖井等场所巡查。内容包括报警装置测试正常，控制系统继电器的动作准确，绝缘电阻数值正常，表计准确等。

⑤装有油压监视信号装置的场所巡查。内容包括表计准确，阀门开闭位置正确、灵活，与构架绝缘部分的零件无放电现象，充油电缆线路油压正常，管道无渗漏油，油压系统的压力箱、管道、阀门、压力表完善，对于充油（或充气）电缆油压（气压）监视装置、电触点压力表进行油（气）压自动记录和报警正常，通过正常巡查及时发现和消除产生油（气）压异常的因素和缺陷。

4.电缆线路上构筑物巡查

（1）工井和排管内的积水无异常气味。电缆支架及挂钩等铁件无腐蚀现象。井盖和井内通风良好，井体无沉降、裂缝。工井内电缆位置正常，电缆无跌落，接头无漏油，接地良好。

（2）电缆沟、隧道和竖井的门锁正常，进出通道畅通。隧道内无渗水、积水。

（3）隧道内的电缆要检查电缆位置正常，电缆无跌落。电缆和接头的金属护套与支架间的绝缘垫层完好，在支架上无烙伤。支架无脱落。

（4）隧道内电缆防火包带、涂料、堵料及防火槽盒等完好，防火设备、通风设备完善正常，并记录室温。

（5）隧道内电缆接地良好，电缆和电缆接头无漏油。隧道内照明设施完善。

（6）通过市政桥梁的电缆及专用电缆桥的两边电缆不受过大拉力。桥墩两边电缆无龟裂、漏油及腐蚀。

（7）通过市政桥梁的电缆及专用电缆桥的电缆保护管、槽未受撞击或外力损伤。电缆铠装护层完好。

5.水底电缆线路的巡查

（1）水底电缆线路的河岸两端可视警告标志牌清晰，夜间灯光明亮。

（2）在水底电缆两岸设置瞭望岗哨，应有扩音设备和望远镜，瞭望清楚，随时监视来往船只，发现异常情况及早呼号阻止。

（3）未设置瞭望岗哨的水底电缆线路，应在水底电缆防护区内架设防护钢索链，减少违反航运规定所引起的电缆损坏事故。

（4）检查邻近河岸两侧的水底电缆无受潮水冲刷现象，电缆盖板无露出水面或移位。

（5）根据水文部门提供的测量数据资料，观察水底电缆线路区域内的河床变化情况。

6.电缆线路上施工保护区的巡查

（1）运行部门和运行巡查人员必须了解和掌握全部运行电缆线路上的施工情况，宣传保护电缆线路的重要性，并督促和配合挖掘、钻探等有关单位切实执行《电力法》和当地政府所颁布的有关地下管线保护条例或规定，做好电缆线路及外力损坏防范工作。

（2）在高压电缆线路和郊区挖掘、钻探施工频繁的电缆线路上，应设立明显的警告标志牌。

（3）在电缆线路和保护区附近施工，护线人员应对施工所涉及范围内的电缆线路进行交底，认真办理“地下管线交底卡”，并提出保护电缆的措施。

（4）凡因施工必须挖掘而暴露的电缆，应由护线人员在场监护配合，并应告知施工人员有关施工注意事项和保护措施。配合工程结束前，护线人员应检查电缆外部情况是否完好无损，安放位置是否正确。待保护措施落实后，方可离开现场。

（5）在施工配合过程中，发现现场出现严重威胁电缆安全运行的施工，应立即制止，并落实防范措施，同时汇报有关领导。

（6）运行部门和运行巡查人员应定期对护线工作进行总结，分析护线工作动态。同时对发生的电缆线路外力损坏故障和各类事故进行分析，制定防范措施和处理对策。

二、红外测温仪的使用和应用

（一）用途

红外线测温技术是一项简便、快捷的设备状态在线检测技术。主要用来对各种户内、户外高压电气设备和输配电线路（包括电力电缆）运行温度进行带电检测，可以大大减少甚至从根本上杜绝由于电气设备异常发热而引起的设备损坏和系统停电事故。该技术具有不停电、不取样、非接触、直观、准确、灵敏度高、快速、安全、应用范围广等特点，是保证电力设备安全、经济运行的重要技术措施。

（二）基本原理与结构

1.基本原理

红外线测温仪应用非电量的电测法原理，由光学系统、光电探测器、信号放大器及信号处理、显示输出等部分组成。通过接受被测目标物体发射、反射和传导的能量来测量其表面温度。测温仪内的探测元件将采集的能量信息输送到微处理器中进行处理，然后转换成温度由读数显示器显示。

2.结构分类

红外测温仪根据原理分为单色测温仪和双色测温仪（又称辐射比色测温仪）。

（1）单色测温仪在进行测温时，被测目标面积应充满测温仪视场，被测目标尺寸超过视场大小50%为好。如果目标尺寸小于视场，背景辐射能量就会进入而干扰测温读数，容易造成误差。

（2）比色测温仪在进行测温时，其温度是由两个独立的波长带内辐射能量的比值来确定的，因此不会对测量结果产生重大影响。

（三）操作步骤与缺陷判断

1.操作步骤

（1）检测操作时，应充分利用红外测温仪的有关功能并进行修正，以达到检测最佳效果。

（2）红外测温仪在开机后，先进行内部温度数值显示稳定，然后进行功能修正步骤。

（3）红外测温仪的测温量程（所谓“光点尺寸”）宜设置修正至安全及合适范围内。

（4）为使红外测温仪的测量准确，测温前一般要根据被测物体材料发射率修正。

（5）发射率修正的方法是：根据不同物体的发射率调整红外测温仪放大器的放大倍数（放大器倍数=1/发射率），使具有某一温度的实际物体的辐射在系统中所产生的信号与具有同一温度的黑体所产生的信号相同。

（6）红外测温仪检测时，先对所有应测试部位进行激光瞄准器瞄准，检查有无过热异常部位，然后再对异常部位和重点被检测设备进行检测，获取温度值数据。

（7）检测时，应及时记录被测设备显示器显示的温度值数据。

2.缺陷判断

（1）表面温度判断法。根据测得的设备表面温度值，对照《高压开关设备和控制设备标准的共用技术要求》（GB/T 11022–2020）中高压开关设备和控制设备各种部件，以及材料和绝缘介质的温度与温升极限的有关规定，结合环境气候条件、负荷大小进行分析判断。

（2）同类比较判断法：①根据同组三相设备之间对应部位的温差进行比较分析；②一般情况下，对于电压制热的设备，当同类温差超过允许温升值的30%时，应定为重大缺陷。

（3）档案分析判断法。分析同一设备不同时期的检测数据，找出设备制热参数的变化，判断设备是否正常。

（四）操作注意事项

1.在检测时应与被检设备以及周围带电运行设备保持相应电压等级的安全距离。

2.不应在有雷、雨、雾、雪的情况下进行，风速一般不大于5 m/s。

3.在有噪声、电磁场、振动和难以接近的环境中，或其他恶劣条件下，宜选择双色测温仪。

4.被检设备为带电运行设备，并尽量避开视线中的遮挡物。由于光学分辨率的作用，测温仪与测试目标之间的距离越近越好。

5.检测不宜在温度高的环境中进行。检测时环境温度一般不低于0℃，空气相对湿度不大于95%。检测同时记录环境温度。

6.在户外检测时，晴天要避免阳光直接照射或反射的影响。

7.在检测时，应避开附近热辐射源的干扰。

8.防止激光对人眼的伤害。

（五）日常维护事项

1.仪器专人使用，专人保管。

2.保持仪器表面的清洁。

3.仪器长时间存放时，应间隔一段时间开机运行，以保持仪器性能稳定。

4.电池充电完毕应停止充电。如果要延长充电时间，不要超过30 min，不能对电池进行长时间充电。仪器不使用时，应把电池取出。

5.仪器应定期进行校验，每年校验或比对一次。

三、温度热像仪的使用和应用

（一）用途

红外温度热成像技术是一项简便、快捷的设备状态在线检测技术，主要用来对各种户内、户外高压电气设备和输配电线路（包括电力电缆）运行温度进行带电检测，其结果在电视屏或监视器上成像显示。

红外温度热成像技术可以反映电力系统各种户内、户外高压电气设备和输配电线路（包括电力电缆）设备温度不均匀的图像，检测异常发热区域，及时发现设备存在的缺陷。具有不停电、不取样、非接触、直观、准确、灵敏度高、快速、安全、应用范围广等特点。大大减少由于电气设备异常发热而引起的设备损坏和系统停电事故，是保证电力设备安全、经济运行的重要技术措施。

（二）基本原理与结构

1.工作原理

红外温度热成像仪利用红外探测器、光学成像镜和光机扫描系统（目前先进的焦平面技术则省去了光机扫描系统）接受被测目标的红外辐射能量分布图形，反映到红外探测器的光敏元件上。在光学系统和红外探测器之间，有一个光扫描机构（焦平面热像仪无此机构）对被测物体的红外热像进行扫描，并聚焦在单元或多元分光探测器上，由探测器将红外辐射能转换成电信号，经过放大处理，转换成标准视频信号，通过电视屏或监视器显示红外热成像图。

2.结构分类

（1）红外热像仪一般分光机扫描成像系统和非光机扫描成像系统两类。

（2）光机扫描热像仪的成像系统采用单元或多元（元数有8、10、16、23、48、55、60、120、180，甚至更多）光电导或光伏红外探测器。用单元探测器时速度慢，主要是帧幅响应的时间不够快，多元阵列探测器可做成高速实时热像仪。

（3）非光机扫描成像的热像仪。近几年推出的阵列式凝视成像的焦平面热成像仪，属新一代的热成像装置，在性能上大大优于光机扫描式热成像仪，有逐步取代光机扫描式热成像仪的趋势。

（三）操作步骤与缺陷判断

1.操作步骤

（1）红外热像仪在开机后，先进行内部温度校准，在图像稳定后进行功能设置修正。

（2）热像系统的测温量程宜设置修正在环境温度加温升之间进行检测。

（3）红外测温仪的测温辐射率，应正确选择被测物体材料的比辐射率进行修正。

（4）检测时应充分利用红外热像仪的有关功能（温度宽窄调节、电平值大小调节等）达到最佳检测效果，如图像均衡、自动跟踪等。

（5）红外热像仪有大气条件的修正模型，可将大气温度、相对湿度、测量距离等补偿参数输入，进行修正并选择适当的测温范围。

（6）检测时先用红外热像仪对被检测设备所有应测试部位进行全面扫描，检查有无过热异常部位，然后对异常部位和重点部位进行准确检测。

2.缺陷判断

（1）表面温度判断法。根据测得的设备表面温度值，对照《高压开关设备和控制设备标准的共用技术要求》（GB/T 11022–2020）中高压开关设备和控制设备各种部件，以及材料与绝缘介质的温度和温升极限的有关规定，结合环境气候条件、负荷大小进行分析判断。

（2）相对温度判断法：①两个对应测点之间的温差与其中较热点的温升之比的百分数；②对电流制热的设备，采用相对温差可降低小负荷下的缺陷漏判。

（3）同类比较判断法：①根据同组三相设备之间对应部位的温差进行比较分析；②一般情况下，对于电压制热的设备，当同类温差超过允许温升值的30%时，应定为重大缺陷。

（4）图像特征判断法。根据同类设备的正常状态和异常状态的热图像判断设备是否正常。当电气设备其他试验结果合格时，应排除各种干扰对图像的影响，才能得出结论。

（5）档案分析判断法。分析同一设备不同时期的检测数据，找出设备制热参数的变化，判断设备是否正常。

（四）操作注意事项

1.检测时，离被检设备及周围带电运行设备应保持相应电压等级的安全距离。

2.被检设备为带电运行设备，应尽量避开视线中的遮挡物。

3.检测时以阴天、多云气候为宜，晴天（除变电站外）尽量在日落后检测。在室内检测要避开灯光的直射，最好闭灯检测。

4.不应在有雷、雨、雾、雪的情况下进行，风速一般不大于5 m/s。

5.检测时，环境温度一般不低于5℃，空气相对湿度不大于85%。

6.由于大气衰减的作用，检测距离应越近越好。

7.检测电流制热的设备，宜在设备负荷高峰下进行，一般不低于设备负荷的30%。

8.在有电磁场的环境中，热像仪连续使用时，每隔5 ~ 10 min，或者图像出现不均衡现象时（如两侧测得的环境温度比中间高），应进行内部温度校准。

（五）日常维护事项

1.仪器专人使用，专人保管。

2.保持仪器表面的清洁，镜头脏污可用镜头纸轻轻擦拭。不要用其他物品清洗或直接擦拭。

3.避免镜头直接照射强辐射源，以免对探测器造成损伤。

4.仪器长时间存放时，应间隔一段时间开机运行，以保持仪器性能稳定。

5.电池充电完毕，应该停止充电。如果要延长充电时间，不要超过30 min，不能对电池进行长时间充电。仪器不使用时，应把电池取出。

6.仪器应定期进行校验，每年校验或比对一次。

第三节　设备运行分析及管理

一、电力电缆缺陷管理

（一）电力电缆缺陷管理范围

对于已投入运行或备用的各电压等级的电缆线路及附属设备有威胁安全运行的异常现象，必须进行处理。电缆线路及附属设备缺陷涉及范围包括电缆本体、电缆接头、接地设备，及电缆线路附属设备，电缆线路上构筑物。

1.电缆本体、电缆接头、接地设备

包括电缆本体、电缆连接头和电缆终端、接地装置和接地线（包括终端支架）。

2.电缆线路附属设备

（1）电缆保护管、电缆分支箱、高压电缆交叉互联箱、接地箱、信号端子箱。

（2）电缆构筑物内电源和照明系统、排水系统、通风系统、防火系统、电缆支架等各种装置设备。

（3）充油电缆供油系统压力箱及所有表计，报警系统信号屏及报警设备。

（4）其他附属设备，包括环网柜、隔离开关、避雷器。

3.电缆线路上构筑物

电缆线路上的电缆沟、电缆管道、电缆井、电缆隧道、电缆竖井、电缆桥、电缆桥架。

（二）电力电缆缺陷性质分类

1.电缆缺陷定义

运行中或备用的电缆线路（电缆本体、电缆附件、电缆附属设备、电缆构筑物）出现影响或威胁电力系统安全运行、危及人身和其他安全的异常情况，称为电缆线路缺陷。

2.缺陷性质判断

根据缺陷性质，可分为一般、严重和紧急三种类型。其判断标准如下：

（1）一般缺陷性质判断标准：情况轻微，近期对电力系统安全运行影响不大的电缆设备缺陷，可判定为一般缺陷。

（2）严重缺陷性质判断标准：情况严重，虽可继续运行，但在短期内将影响电力系统正常运行的电缆设备缺陷，可判定为严重缺陷。

（3）紧急缺陷性质判断标准：情况危急，危及人身安全或造成电力系统设备故障甚至损毁电缆设备的缺陷，可判定为紧急缺陷。

（三）电气设备评级分类

1. 电气设备绝缘定级原则

电气设备的绝缘定级，主要是根据设备的绝缘试验结果，结合运行和检修中发现的缺陷，权衡对安全运行的影响程度，确定其绝缘等级。绝缘等级分为三级。

（1）一级绝缘

符合下列指标的设备，其绝缘定为一级绝缘：①试验项目齐全，结果合格，并与历次试验结果比较无明显差别；②运行和检修中未发现（或已消除）绝缘缺陷。

（2）二级绝缘

凡有下列情况之一的设备，其绝缘定为二级绝缘：①主要试验项目齐全，但有某些项目处于缩短检测周期阶段；②一个及以上次要试验项目漏试或结果不合格；③运行和检修中发现暂不影响安全的缺陷。

（3）三级绝缘

凡有下列情况之一的设备，其绝缘定为三级绝缘：①一个及以上主要试验项目漏试或结果不合格。②预防性试验超过规定的期限：需停电进行的项目为规定的周期加6个月；不需停电进行的项目为规定的周期加1个月。③耐压试验因故障低于试验标准（规程中规定允许降低的除外）。④运行和检修中发现威胁安全运行的绝缘缺陷。

三级绝缘表示绝缘存在严重缺陷，威胁安全运行，应限期予以消除。

2. 电缆设备评级分类

电缆设备评级分类是电缆设备安全运行重要环节，也是电缆设备缺陷管理的一项基础工作，运行人员应做到对分类电缆设备运行状态全面掌握。电缆设备评级分为以下三类：

（1）一类设备

是经过运行考验，技术状况良好，能保证在满负荷下安全供电的设备。

（2）二类设备

是基本完好的设备，能经常保证安全供电，但个别部件有一般缺陷。

（3）三类设备

是有重大缺陷的设备，不能保证安全供电，或出力降低，严重漏剂，外观很不整洁，锈烂严重。

（四）电力电缆缺陷闭环管理

1. 建立完善管理制度

（1）制定处理权限细则

①对电缆线路异常运行的电缆设备缺陷的处理，必须制定各级运行管理人员的权限和职责。

②运行电缆缺陷处理批准权限，各地可结合本地区运行管理体制，制定相适应的电缆缺陷管理细则。

（2）规范电缆缺陷管理

①在巡查电缆线路中，巡线人员发现电缆线路有紧急缺陷，应立即报告运行管理人员。管理人员接到报告后根据巡线人员对缺陷描述，应采取对策立即消除缺陷。

②在巡查电缆线路中，巡线人员发现电缆线路有严重缺陷，应迅速报告运行管理人员，并做好记录，填写严重缺陷通知单。运行管理人员接到报告后，应采取措施及时消除缺陷。

③在巡查电缆线路中，巡线人员发现有一般缺陷，应记入缺陷记录簿内，据以编订月度、季度维护检修计划消除缺陷，或据以编制年度大修计划消除缺陷。

2. 制定电缆消缺流程

（1）建立电缆缺陷处理闭环管理系统，明确运行各个部门的职责。

（2）采用计算机消除缺陷流程信息管理，填写缺陷单，流转登录审核和检修消除缺陷。

（3）电缆缺陷消除后实行闭环，缺陷单应归档留存等规范化管理。

（4）运行部门每月应进行一次汇总和分析，做出处理安排。

（5）电缆缺陷闭环流程。设备周期巡查—巡查发现缺陷—汇报登录审核—流转检修消缺—定期复查闭环。

3. 规范电缆缺陷闭环操作

（1）登记

巡查人员在电缆线路周期巡查中发现电缆设备缺陷，根据缺陷部位性质分类判断，汇报班长并在计算机上登记缺陷。

（2）审核

巡查人员出消除缺陷方案，运行班长阅读后递交运行相关专责审核，再转交检修专责。

（3）布置

检修专责根据缺陷性质和消除缺陷方案，布置检修人员停电申请、消缺内容、技术要求。

（4）处理

检修人员接受消缺任务，按照消除缺陷任务单、带电或停电工作要消除缺陷。

（5）验收闭环

检修人员消除缺陷，通知巡查人员，现场立即验收或在下一巡查周期验收。检修人员消除缺陷后，在计算机的该缺陷单上打钩。巡查人员验收合格后，在计算机该缺陷单上打钩，运行班长闭环存档。

二、电力电缆缺陷处理

（一）电力电缆线路缺陷处理周期

各类电缆线路缺陷从发现后到消缺处理的时间段称为周期，缺陷处理周期根据各类缺陷性质不同而定。①电缆线路一般缺陷可列入月度检修计划消除处理；②电缆线路严重缺陷应在1周内安排处理；③电缆线路紧急缺陷必须在24 h内进行处理。

（二）电力电缆缺陷处理技术原则

1. 不同性质缺陷处理原则

（1）一般缺陷

如油纸电缆终端漏油、电缆金属护套和保护管严重腐蚀等，可在一个检修周期内消除。

（2）重要缺陷

如接点发热、电缆出线金具有裂纹、塑料电缆终端表面闪络开裂、金属壳体胀裂并严重漏剂等，必须及时消除。

（3）紧急缺陷

如接点过热发红、终端套管断裂、充油电缆失压等，必须立即消除。

2. 电缆缺陷处理遵循原则

（1）电缆缺陷处理，应贯彻“应修必修，修必修好”的原则。

（2）电缆缺陷处理时，应符合电力电缆各类相应的技术工艺规程要求。

（3）电缆缺陷处理过程中发现其电缆线路上还存在其他异常情况时，应在消除检修中一并处理，防止或减少事故发生。

（三）电力电缆缺陷处理技术要求

1. 电缆缺陷处理要求

（1）在电缆设备事故处理中，不允许留下严重及以上性质的缺陷。

（2）在电缆线路缺陷处理中，因一些特殊原因有个别一般缺陷尚未处理的，必须填好设备缺陷单，做好记录，在规定的一个检修周期内处理。

（3）电缆缺陷处理应首先制定《缺陷检修作业指导书》，在电缆线路缺陷处理中应严格遵照执行。

（4）电缆设备运行责任人员应对电缆缺陷处理过程进行监督，在处理完毕后按照相关的技术规程和验收规范进行验收签证。

2. 电缆缺陷处理技术

（1）制订缺陷处理方案

电缆线路“缺陷检修作业指导书”应根据不同性质的电缆绝缘处理技术和各种类型的缺陷制订处理方案，详细拟定检修消缺步骤和技术质量要求。

（2）不同电缆处理技术

①油纸绝缘电缆缺陷，如终端渗油、金属护套膨胀或龟裂等，应严格按照相关技术规程规定进行检查处理。

②交联聚乙烯绝缘电缆缺陷，如终端温升、终端放电等，应严格按照相关技术规程规定进行检查处理。

③自容式充油电缆缺陷，如供油系统漏油、压力下降等，应严格按照相关技术规程规定进行检查处理。

（3）电缆缺陷带电处理

①充油电缆线路的油压调整：当油压偏低时，可将供油箱接到油管路系统进行补压。

②在不加热的情况下，修补金属护套及外护层。

③户内或户外电缆终端的带电清扫。

④电缆终端引出线发热检修或更换。

第八章　电力电缆火灾风险及质量评价

第一节　电力电缆火灾风险评估

一、电力电缆内因火灾的引燃机理

燃烧是有氧化剂参加的化学反应，而电力电缆燃烧主要指聚合物的燃烧。电力电缆首先从外部热源获得热量导致聚合物温度升高，一般温度升高至105 ~ 115℃时熔融；继续加热电缆聚合物材料，一旦其温度达到热解温度，一般电缆护套材料聚氯乙烯为120 ~ 165℃，交联聚乙烯高聚物为300 ~ 510℃，就开始热分解并产生挥发性产物。根据聚合物的结构和组成，热分解产物中有可燃性气体，如甲烷、乙烷、甲醛等，和不可燃性气体，如二氧化碳、氮气等。以上可燃性气体从聚合物表面释放出来，并且与空气中的氧化剂混合。该混合物若遇火焰则被点燃，产生明火的同时伴随着大量的燃烧产物。燃烧产生的热量一部分被燃烧产物和周围的冷空气带走，而另一部分则反馈给聚合物材料表面，促使聚合物进一步受热进行热分解，从而连续产生可燃性挥发物，最终出现电缆大面积引燃的现象。

电力电缆燃烧的过程可分为五个阶段：加热熔融、热分解、出现明火、燃烧和火焰蔓延。这个过程的前两个阶段都是吸热过程，需要聚合物从外部吸收大量的热量，如过负荷或故障电流加热电缆，不会导致电缆燃烧。此外，电缆接头因不可靠连接或受潮氧化，都会使接头电阻增大，导致电缆局部过热。若要进入电缆火灾的第三步出现明火，必须出现火焰源点燃电缆，而电缆的自身火焰源一般为故障电弧，如单相接地电弧、短路电弧可使弧柱中的温度达到5 000 ~ 15 000℃，极易引燃周围可燃物。由于电缆聚合物的难燃性，单独的故障电弧不会导致电缆大面积燃烧。可见，电缆迅速大范围引燃有其他的原因。如电缆中的导体由于长时间过电流加热了电缆，进而使电缆大面积熔融并热分解出可燃性气体。同时我国10 kV配电网大多采用中性点小电流接地方式，处理故障时间一般较长，允许2个小时。在故障期间，护层接地电流进一步加热电缆，分解出可燃性气体。随着电力系统规模的扩大，传输容量增大，距离增长，故障点电弧不易消失，在单相接地电弧的作用下或者单相接地故障进一步发展为相间故障的短路电弧作用下，使电缆大面积轰燃，形成“电缆火灾”。

由以上分析可知，电力电缆内因火灾的早期特征是电缆线芯过热，一般由于电缆线路过载、散热不良或不可靠连接引起；而线芯过热将进一步导致电缆绝缘老化和绝缘性能下降，受热分解，产生可燃性气体，导致故障电弧形成，最终在故障电弧的作用下，引起电缆火灾。通过对以上电力电缆内因火灾引燃机理的分析，为电力电缆火灾风险评估提供了理论依据。

二、电力电缆老化状态评估模型

电力电缆老化将会使XLPE的熔融温度、介电性能和力学性能下降，同时故障率也将大大增加。通过对现役电缆进行一个初步的老化评估，可以从侧面了解电缆的运行状态，为电力电缆火灾风险评估提供相应的评判依据，同时也有利于维护人员了解电力电缆老化的积累情况，针对性地检查和实验性评估。

高分子聚合物的老化速率随温度变化的关系，可由阿伦尼乌斯（Arrhenius）方程表示：

$$\ln\gamma = a + b/\mu \tag{8-1}$$

式8-1中，γ为使用时长，单位为h；a和b为常数，与材料的活化能有关，对于交联聚乙烯材料，a＝26.7, b＝13 740；μ为电缆XLPE绝缘层的绝对温度，单位为K。

针对电力电缆温度随负荷周期和外部环境变化而波动的情况，提出了电力电缆热老化积累评估模型。以XPLE在70℃温度时的热老化速率V为基准，当电力电缆导体温度在70℃以下时，均采用基准热老化速率，而电力电缆导体温度高于70℃时，热老化速率V可由公式8-2表示：

$$V = \mathrm{e}^{-(a+b/\mu)} \tag{8-2}$$

根据导体温度与热老化速率V的关系，可以确定一段时间内电缆寿命因热老化损失的百分比。例如以1h为时间间隔，计算一次热老化损失比$\Delta(L)$，则$\Delta(L)$可表示为：

$$\Delta(L) = 100\% \times \int_0^1 V(t)\mathrm{d}t \tag{8-3}$$

式8-3中，V为电力电缆1h内对应的热老化速率，当电力电缆导体温度低于70℃时，采用基准热老化速率V=1.608 8 × 10^{-6}；当电力电缆导体温度高于70℃时，V为1 h内最大的导体温度对应的热老化速率。由于电力电缆的热老化是一个积累的过程，那么电力电缆运行n小时后的热老化积累量为：

$$\Delta\left(L_n\right)=\Delta\left(L_{n-1}\right)+\left(100\%\times\int_0^1 V(t)\mathrm{d}t\right) \tag{8-4}$$

通过电力电缆导体温度计算模型确定电缆导体温度后，即可利用式8-4对电力电缆的热老化积累情况进行评估。但仅通过热老化积累情况来衡量电力电缆老化程度显然是不够的，电力电缆的老化也与历史故障情况、敷设方式、运行环境和服役年限等因素有关。

（一）历史故障影响因素 K_1

历史故障是指电缆线路因内部原因而非外部原因导致的电缆故障。历史故障频繁的电缆线路，说明该线路的电缆绝缘水平下降严重，即老化严重。此外，电缆每发生一次故障，都可能对电缆绝缘造成一定破坏，加速电缆老化。

（二）敷设方式影响因素 K_2

电力电缆敷设方式主要包括电缆隧道敷设、电缆沟敷设、直埋敷设和穿管敷设4种方式。不同的敷设方式将影响电缆的散热性能，散热性能差的电缆老化快。

（三）运行环境影响因素 K_3

电缆的运行环境对电缆老化有重要影响。如果电缆长期处于潮湿的环境，将会加重电缆的水树老化，反之则不易老化。

（四）服役年限影响因素 K_4

电力设备的运行状态随着使用年限的增长呈现下降趋势。电力电缆运行状态与运行年限的变化关系符合指数表达式，如式8-5所示：

$$K_4 = A_1\exp\left(A_2 t_0\right) \tag{8-5}$$

式8-5中，A_1为幅值系数，通常取$A_1 = 0.953\,1$；A_2为老化系数，通常取$A_2 = 0.019\,17$；t_0为电缆的运行年限。

综合上述的历史故障情况、敷设方式、运行环境及服役年限影响因素后，电缆监测系统运行n小时后的老化积累量为：

$$\Delta\left(L_n\right)=\Delta\left(L_{n-1}\right)+\left(K_1\cdot K_2\cdot K_3\cdot K_4\cdot 100\%\times\int_0^1 V(t)\mathrm{d}t\right) \tag{8-6}$$

式8-6中，除影响因素K_2以外，其他影响因素都随运行时间和监测数据的变化而发生变化。其中运行环境影响因素K_3为1h内最大监测环境湿度所对应的影响值。

在监测系统未运行前需要对所有已服役的电缆老化情况进行评估，除了上述的影响因素以外，电缆的历史负荷情况对电缆的老化有较为明显的影响。负荷率越高，电缆运行温度越大，电缆老化速度越快。

根据电缆的实际运行年限，同时综合历史故障情况、敷设方式、运行环境、服役年限及负荷率影响因素后，可得到监测系统未运行前电缆的老化积累量$\Delta(L_0)$。

$$\Delta(L_0)=100\%\times\sum_{j=1}^{t_0}\left(K_{1j}\cdot K_2\cdot K_3\cdot K_{4j}\cdot K_{Fj}\cdot\int_0^{24\times365}V\mathrm{d}t\right) \tag{8-7}$$

式8-7中，t_0为监测系统未运行前电缆的已运行年限；K_2为每段电缆的敷设方式影响因素；K_3为环境影响因素，对于长期与土壤、潮气接触的电缆取1.3，否则取1；K_{1j}、K_{4j}分别为电缆运行到第j年的历史故障影响因素和服役年限影响因素；K_{Fj}为电缆运行到第j年的年负荷率影响因素；V为电缆在70℃时的热老化速率，即基准热老化速率$V=1.608\ 8\times10^{-6}$。

根据电缆老化积累量$\Delta(L_n)$，将电缆老化状态分为良好、轻度、中度和严重四个等级。

在电缆运行过程中，面对不同的电缆老化等级，维护人员采取的措施也将有所区别。对于老化等级为“良好”的电缆，继续正常运行；老化等级为“轻度”的电缆，在定期的停电检查中进一步评估；老化等级为“中度”的电缆，建议近期取样验证；老化等级为“严重”的电缆，须停运取样进行试验分析，判定电缆是否需要更换。

第二节　电力电缆在线监测系统设计

一、系统总体设计要求

电力电缆在线监测装置主要包括：主站、分站和监测终端三部分。装置的总体结构包括硬件、软件两大部分，其中硬件部分主要指：分站和监测终端的电源系统、微控制器最小系统、各项监测数据的采集单元和数据通信模块的硬件设计，通过各个部分的正确连接能够完成数据的采集和传输功能；软件部分主要指：数据采集系统、监测管理系统和数据库系统的软件设计，主要与数据的计算、显示、诊断及存储等过程有关。

基于电力电缆火灾风险评估的在线监测系统需满足以下要求：①能够同步采集零序电压和护层接地电流，即各个监测终端接收到指令的时差要很小，即同步性要好；②各类传感器的测量精度、测量范围和响应时间要满足系统要求，同时能够适应恶劣环境；③整个监测系统的通信要稳定可靠，避免通信故障；④硬件电路要设计规范，具有良好的电磁兼容性；⑤系统主站具有良好的人机交换界面和数据存储格式。

电力电缆在线监测系统的整体框图如图8-1所示。由图可知，系统硬件功能如下：①主站和分站之间通过无线网络实现数据的远距离传输；②分站通过电源总线对本分站内的

所有监测终端供电，以及通过RS485总线网络实现与监测终端的近距离数据传输；③通过各类传感器实现对零序电压、护层接地电流、电缆外表皮温度和环境温湿度的测量，其中电缆负荷由主站COM口从已有的负荷系统获得；④在所有需要监测的变电所、配电所、开闭所、环网站处安装一个分站，以及在每一个电缆接地线处安装一个监测终端，并且从任意的变电所，或配电所，或开闭所，或环网站的PT二次侧处取得零序电压信号；⑤在电缆接头等需要重点监测的地方，利用大容量电池和具有无线通信的监测终端实现监测。

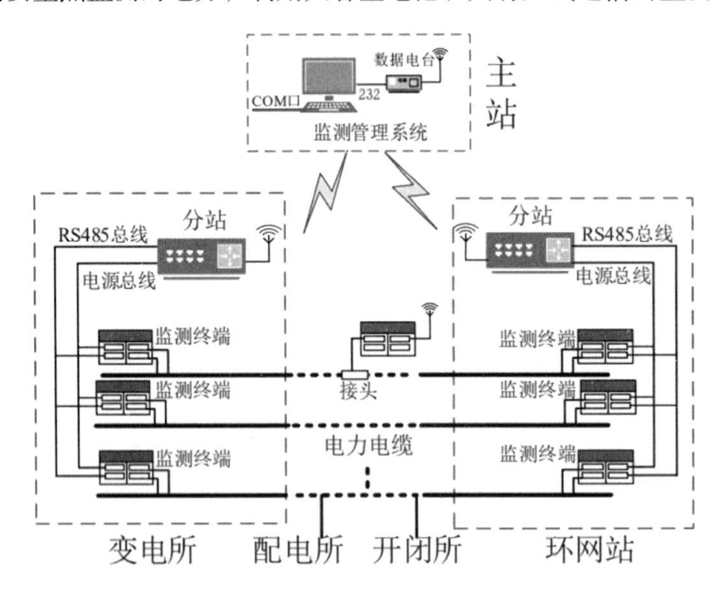

图8-1　电力电缆在线监测系统整体框图

二、分站硬件电路设计

分站硬件电路的设计包括STM32微控制器最小系统、LoRa无线射频模块、RS485通信模块、零序电压采样电路、电源模块及保护电路，如图8-2所示。

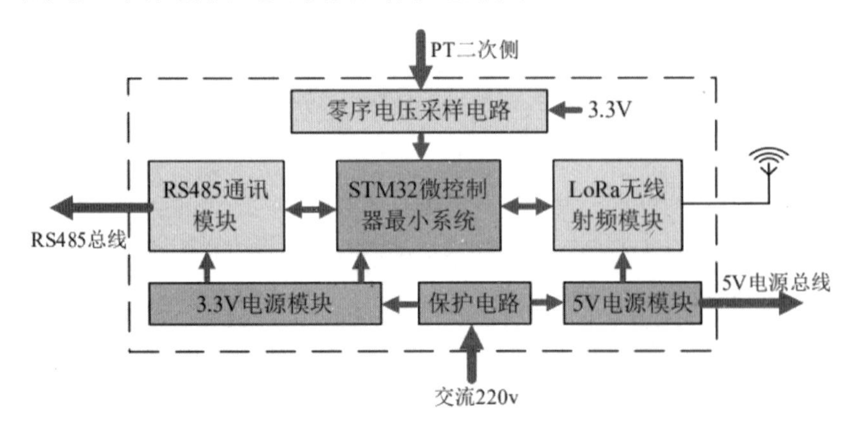

图8-2　电力电缆在线监测分站硬件框图

分站通过3.3V电源模块将220V交流电转换为3.3V直流电，为STM32微控制器最小系统、零序电压采样电路及RS485通信模块供电；通过5V电源模块将220V交流电转换为5V直流电，为LoRa无线射频模块供电及通过5V电源总线为各个监测终端供电；保护电路对供电系统起到了保护作用；STM32微控制器通过USART异步串行口与LoRa无线射频模块，以及RS485通信模块进行数据传输；通过ADC采样串口采集经过零序电压采样电路转换的二次侧零序电压。

（一）STM32微控制器最小系统

分站和监测终端的微控制器都采用STM32F103RCT6芯片。STM32F103RCT6是基于ARM 32位的CortexTM-M3微控制器，最高工作频率72 MHz，内置静态随机存取存储器（SRAM）达到64KB；微控制器拥有16个12位ADC模拟数字转换通道，采样频率可达到1 MHz，支持双ADC模式。

（二）LoRa无线射频模块

主站与分站之间的数据通信采用LoRa无线传输方式。基于LoRa无线通信的技术具有低功耗、低成本、广覆盖、接收灵敏度高等优点，其接收灵敏度可达到惊人的-148 dbm。LoRa无线射频模块使用线性调频扩频调制技术能够稳定传输监测数据并收发信号，并且各模块之间可相互连接。与现有的5G技术相比，LoRa通信系统可自行组网，即使在偏远的地方也可有效通信。

（三）RS485通信模块

RS485通信模块电路如图8-3所示。

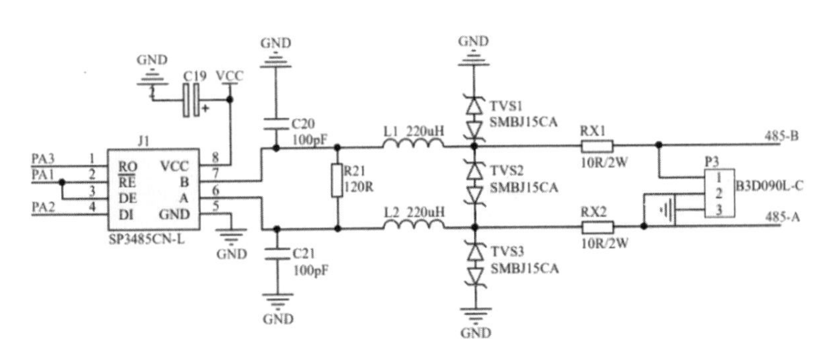

图8–3　RS485通信模块电路

分站与监测终端的数据通信采用RS485通信方式。RS485采用差分信号，最大传输距离可达到1 000米以上，最大传输速率为10 Mbps。设计采用SP3485CN-L半双工RS485收发器，可支持连接32个节点，抗干扰能力强。电容C20和C21用于过滤高频信号，TVS二

极管提供双向过电压保护，RX为绕线电阻提供过流保护，R21为终端电阻用来消除通信线上的信号反射。分站通过RS485总线，将接收到的指令传递到各个监测终端，然后依次点对点与各个监测终端进行数据通信。

（四）零序电压采样电路

零序电压采样电路如图8-4所示，PT二次侧零序电压信号通过定值电阻转换为电流量，并经过T1（ZCPTC01）隔离，隔离后的电流经过运算放大器转换为电压量。为了不使放大后的交流信号产生失真，静态时，一般将运算放大器的输出端设置为VCC/2。运算放大器的同相输入端连接到VCC/2处，则电流量将转换为以VCC/2为中心的电压量，两个运算放大器的输出端相减，消去VCC/2，即可得到零序电压信号转换的电压量。

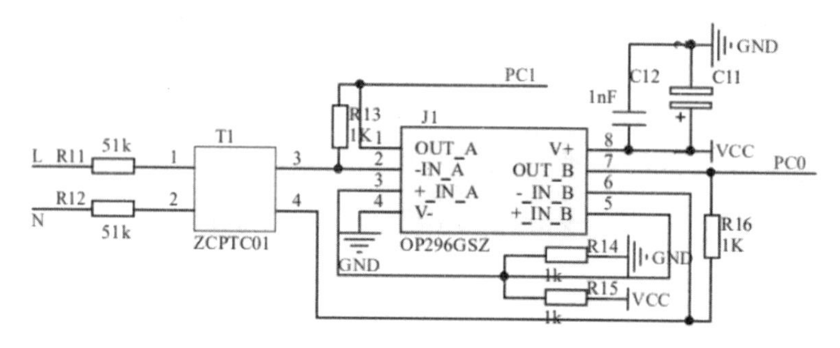

图8-4　零序电压采样电路

（五）保护电路与电源模块

分站电路采用HLK-PM03和HLK-20M05开关电源模块，将220 V交流电转换为3.3 V和5 V直流电。在将交流电与电源模块连接之前，需要对电路进行保护。如图8-5所示，Z1为保险丝，对电路起到了过流保护的作用；RV1为压敏电阻，对电路起到了过压保护的作用；CX1为安规电容，起到了抑制差模干扰的作用；CM为共模电感，起到了EMI滤波的作用，用来滤除信号线上的共模电磁干扰。

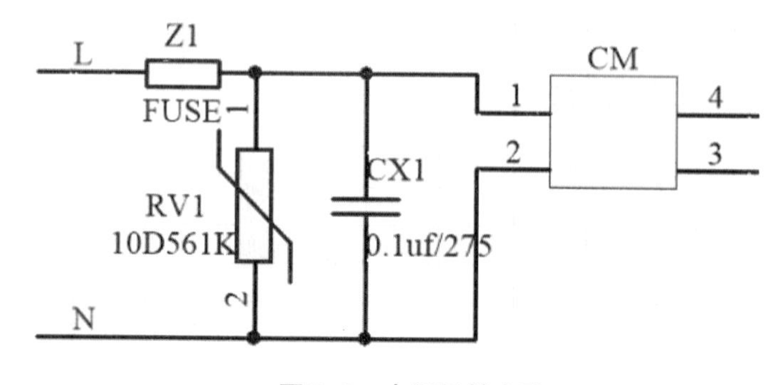

图8-5　电源保护电路

三、监测终端硬件电路设计

监测终端硬件电路的设计包括STM32微控制器最小系统、隔离模块、稳压电路、霍尔效应电流传感器、RTD数字转换器、温度传感器、湿敏传感器及RS485通信模块，其硬件框图如图8-6所示。

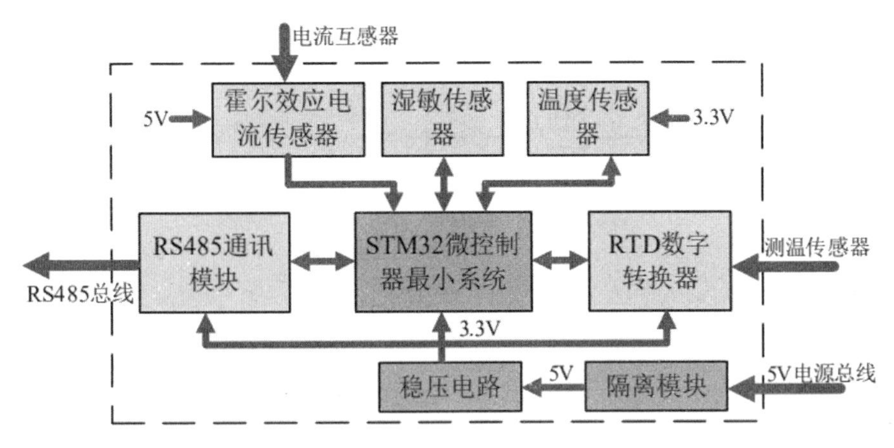

图8–6　监测终端硬件框图

由图8-6可知，5 V电源总线经过隔离后，为霍尔效应电流传感器供电；稳压电路将5 V转换为3.3 V，为STM32微控制器最小系统、RTD数字转换器、温度传感器及RS485通信模块供电。监测终端的微控制器通过USART异步串行口与RS485通信模块进行数据传输；通过USART同步串行口获取RTD数字转换器转换的温度值；通过单总线获得温度传感器转换的环境温度值；通过AD采样串口采集霍尔效应电流传感器转换的护层接地电流值；通过I/O接口获得湿敏传感器转换的空气湿度。对于电缆接头处的监测终端，硬件设计上将霍尔效应电流传感器和RS485通信模块去掉，增加LoRa无线射频模块，直接与主站进行通信。

（一）隔离模块

监测终端采用B0505S作为电源隔离模块。B0505S具有转换效率高和抗干扰能力强等优点，同时可提供持续的短路保护。使用B0505S将5 V电源总线与监测终端的5 V电源进行隔离，确保隔离监测终端的供电干扰。

（二）稳压电路

监测终端的电源是分站通过5 V电源总线进行供电，需要将5 V（因线路损耗略小于5 V）转换为稳定的3.3 V电源。稳压电路采用KA431稳压芯片，稳压范围为$V_{REF}-36$ V，可承受的最大电流为100 mA。如图8-7所示：

$$VCC = V_{\mathrm{REF}}\left(1+\frac{R_{10}}{R_{11}}\right) \tag{8-8}$$

式（8-8）中，$V_{\mathrm{REF}}=2.5$ V，如要求 $VCC=3.3$ V，则设定 $R_{10}=8.06\mathrm{k}\Omega$，$R_{11}=24.9\mathrm{k}\Omega$。通过测量监测终端所需的工作电流为60 ~ 70 mA，设计 $R_9=R_{12}=9.1\Omega$，则稳压电路可以提供80 mA以上的电流，既满足监测终端的需要，又在KA431稳压芯片的承受范围内。

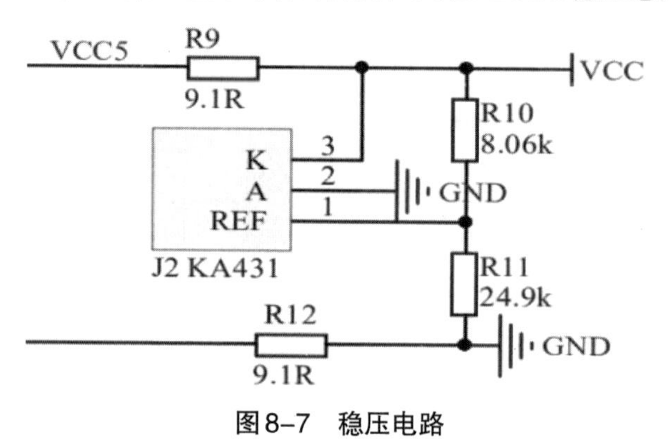

图8–7　稳压电路

（三）霍尔效应电流传感器

监测终端采用CC6901SO-05A霍尔效应电流传感器测量电流互感器转换的护层接地电流。霍尔效应电流传感器具有良好的信号输出强度和抗干扰性能。如图8-8所示，利用霍尔效应将护层接地电流转换为线性输出电压，然后经过霍尔信号预放大器、温度补偿单元、振荡器、动态失调消除电路和放大器输出模块，将电压全差分模拟输出。在无磁场的情况下，电流传感器的静态输出为50%VCC。当电源电压为5 V时，传感器输出端OUTP（N）可以在0.2 ~ 4.8 V之间随磁场线性变化，信号线性输出范围（OUTP-OUTN）可达到-4.6 ~ 4.6 V。

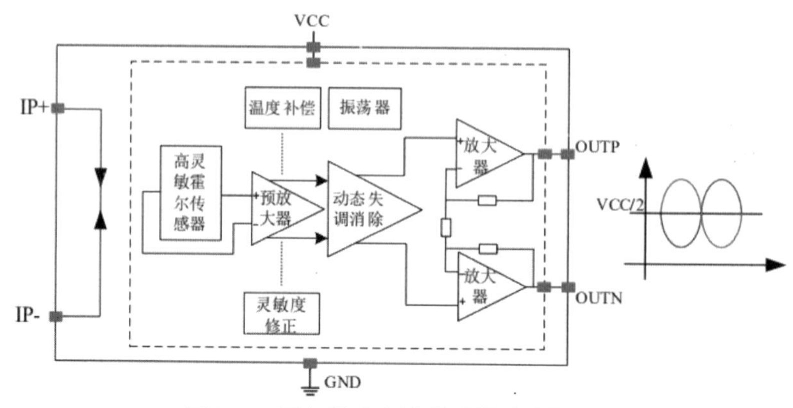

图8–8　霍尔效应电流传感器功能框图

（四）RTD数字转换器电路

电缆外表皮温度的测量选用PT100铂电阻接触式测温方式（RTD）。PT100铂电阻测温传感器的原理是：利用铂电阻与温度的关系曲线近似线性而制成温度传感器，具有测量精度高、测量范围广、稳定性好等优点。测温量程为-50℃～250℃，并能适应恶劣环境的要求，满足本系统的需要；MAX31865是RTD数字转换器，内置15位模/数转换器，支持PT100～PT1000 RTD，也支持其他热敏电阻。PT100铂电阻的阻值和温度的关系可由公式8-9表示

$$R(T)=R_0[1+aT+bT^2+c(\mathrm{T}-100)T^3] \tag{8-9}$$

式（8-9）中，T为温度，单位为℃；$R(T)$为T温度下的阻值；R_0为T为0℃时的阻值；根据IEC751规定$a=3.908\ 30\times10^{-3}$；$b=-5.775\ 00\times10^{-7}$；当$-200$℃$\leqslant T\leqslant 0$℃，$c=-4.183\ 01\times10^{-12}$；当0℃$\leqslant T\leqslant$850℃时，c＝0。

（五）温度传感器

对于环境温度的测量选用DS18B20温度传感器，其接口简单，只有VDD、I/O和GND三个引脚，使用方便，体积小。另外，测量范围为-55～125℃，满足一般工程测量要求，使用范围广泛。

（六）湿敏传感器

监测终端采用HR202L湿敏传感器对电缆本体及接头处的空气湿度进行测量。HR202L湿敏传感器是一种湿度敏感元件，利用阻抗特性与相对湿度的关系制作而成。传感器具有测量范围宽、响应迅速、抗污染能力强、长期使用性能稳定可靠等诸多优点。

四、系统软件设计

本系统由主站、分站和监测终端三部分共同完成各项监测数据的采集、计算和传输。其中分站和监测终端采用C语言进行嵌入式程序的开发，通过Keil uVision5即可实现STM32程序的编写和下载。主站的计算机软件操作系统选择Windows10，同时采用C#语言进行系统软件的开发。C#是一种面向对象的高级设计语言，它相对于C++更加简单、强大、易于使用，同时具备Winform和WPF可视化界面，其中WPF是专门的界面编程库，非常适合作为界面的开发库。系统软件结构框图如图8-9所示，考虑到软件设计的复杂性，采用模块化的设计思路来设计系统软件。整个软件设计可分为数据采集系统、监测管理系统和数据库系统三大部分，各个部分通过特定的接口或网络进行连接，完成数据的传输和转换功能。其中数据采集系统的软件设计主要包括各项监测数据的采集、处理、存

储及传输；监测管理系统的软件设计主要包括数据传输、参数设置、数据显示及故障诊断，同时根据诊断结果进行监测报警等；数据库系统可对采集的监测数据和故障记录进行存储，并且可以随时随地查阅历史数据，保持了数据的历史性和连贯性，方便进行比较和查看。

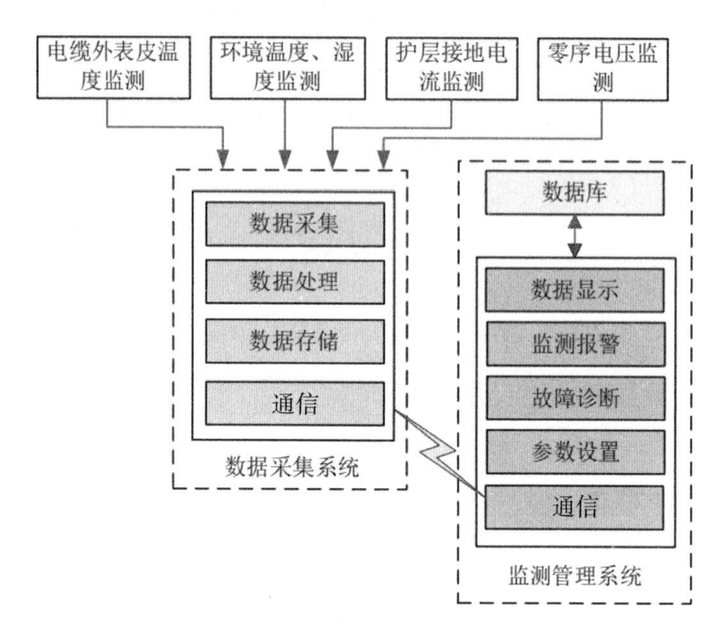

图8-9　电力电缆在线监测系统软件结构框图

（一）数据采集系统

数据采集系统由主站、分站和监测终端共同完成。数据传输采用无线网络+RS48总线网络+固定通信格式一体化通信系统，可实现数据远程传输，保障了通信的稳定可靠，提高了系统的高效性，大大降低了系统的管理成本。

1. 主站采集流程

主站的采集流程采用多线程的设计思路，将整个任务分成多个子任务同步执行且互不干扰，充分利用CPU资源，提高执行效率。主线程初始化后，然后创建其他子线程，其中以 Δt 为采集周期发送固定采集指令为一路线程，该指令用来采集电缆外表皮温度、环境温度和环境湿度；定时发送故障询问指令为一路线程，询问是否发生了单相接地故障；监测数据的接收任务为一路线程，在整个数据的接收过程中，都采用轮询的方式，依次呼叫各个地址，只有与呼叫地址相同的分站或终端才会上传数据；负荷数据的接收任务为一路线程。

其中采集周期 Δt 由三部分组成“固定采集时间”+“询问时间”+“空余时间”，其中“固定采集时间”为采集电缆外表皮温度、环境温度和环境湿度的时间，“询问时间”

为主站定时询问是否发生了单相接地故障的时间，“空余时间”为数据计算、显示和储存的时间。如果发生了单相接地故障，将会开启护层接地电流采集流程，固定采集是否完成都将停止，直至护层接地电流采集完成。Δt 的取值还要综合考虑传输速率、数据包的大小和数量。通过实测，在空中速率1.2 k、串口波特率9 600，以及分包设定为32字节的情况下，主站呼叫一次分站地址并且返回1包数据的时间为1.2 s，返回2包数据的时间为1.5 s。例如，固定采集的地址为20个，每个地址发送2包固定采集数据，故障询问周期为5 s，一个故障询问周期内轮询2个固定采集地址，则10个故障询问周期就可以接收完采集数据（电缆外表皮温度、环境温度和环境湿度），再加上一定的空余计算时间，就可以得到 Δt 的最小取值。

2. 分站采集流程

分站在整个系统设计中，起到了承上启下的作用。分站启动程序后，等待主站下达的指令，然后判断接收到的指令，若为故障询问指令，如已发生了单相接地故障，停止采样，否则开启零序电压定时采样，并回复主站；若为接地电流采集指令，将同步采集零序电压，并通过RS485总线网络下达采集指令，然后采用轮询的通信方式，依次与各个监测终端通信，接收所有监测终端的数据，并按固定格式存储；若为固定采集指令，将通过RS485总线网络下达采集指令，然后同样采用轮询的通信方式，依次与各个监测终端通信，接收所有监测终端的数据，并按固定格式存储；若为主站上传指令，通过LoRa无线网络将所有监测数据分包上传。

分站与监测终端的通信采用一主多从的通信模式，分站下达指令是以广播形式发送，所有监测终端都可以接收到指令。当分站下达主站采集指令时，所有监测终端都进行相应的操作；但当分站下达指定监测终端上传数据的指令时，只有与该指令符合的监测终端才会上传数据，采用这种轮询的方式可以对所有监测终端逐个通信。同时整个RS485总线网络采用特定的通信格式，使指令和数据分开，保证任何时候，只有一个监测终端处于上传状态，即使监测终端接收到与指令相同的数据，也不会看作指令，从而避免通信故障。

3. 监测终端采集流程

监测终端在整个数据采集系统中处于前端测量单元，负责电缆外表皮温度、环境温度、环境湿度和护层接地电流的采集工作。监测终端启动程序后，等待分站通过RS485总线网络下达的指令，然后判断接收指令，若为固定采集指令，将采集电缆外表皮温度、环境温度和环境湿度；若为接地电流采集指令，将采集护层接地电流；若为分站上传指令，将采集的数据上传到分站。对于电缆接头处的监测终端，接收到主站采集指令后，只负责电缆外表皮温度、环境温度和环境湿度的采集任务，同时将采集的监测数据通过LoRa无线网络上传到主站。

（二）监测管理系统

主站将各项监测数据接收后，监测管理系统负责分析汇总数据信息，然后对各项监测数据进行计算、显示和诊断上报。将计算结果更新到当前测量界面并且存储；若诊断结果出现风险危机或故障，将诊断结果更新到故障记录界面；若需要对电缆信息进行修改，用户可在系统管理界面进行修改；同时用户在管理菜单栏中，可以进行修改密码、调试、运行和查看历史文件等操作。整个监测管理系统的界面如图8-10所示。

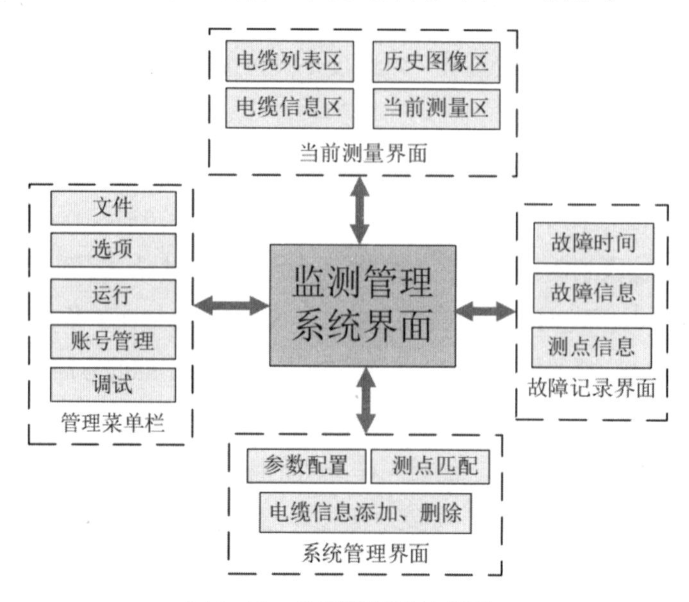

图8-10　监测管理系统界面

1.数据计算与显示

监测管理系统以采集周期 Δt 为更新频率，在每一个采集周期 Δt 内获得最新的监测数据，然后根据最新的数据进行计算及更新当前测量界面，各项监测数据的计算与更新步骤如下：

（1）在采集周期 Δt 内获得各段电缆线路最新的电缆外表皮温度、载流量、环境温度和环境湿度。

（2）根据电缆导体温度计算模型式计算出各电缆线路的导体温度及间隔1小时计算一次各电缆线路的老化积累量，然后将各电缆线路的导体温度、载流量、环境温度、环境湿度和老化量等监测数据更新在当前测量界面。

（3）若发生了单相接地故障，采集同一时刻的零序电压和各电缆段首、末端护层接地电流，为单相接地故障诊断提供所需的监测数据，并将电缆段首端和末端的护层接地电流值更新在当前测量界面。

（4）依据电缆火灾风险等级诊断结果，更新各段电缆线路的火灾风险等级。

如图8-11所示，各项监测数据实时地显示在当前测量界面。当前测量界面包括电缆列表区、当前电缆信息区、历史图像区和当前测量区。点击电缆列表区右侧的“查看”按钮，可以查看该段电缆线路的信息、历史记录和当前测量值。同时“查看”按钮的背景颜色代表该段电缆线路的火灾风险等级。

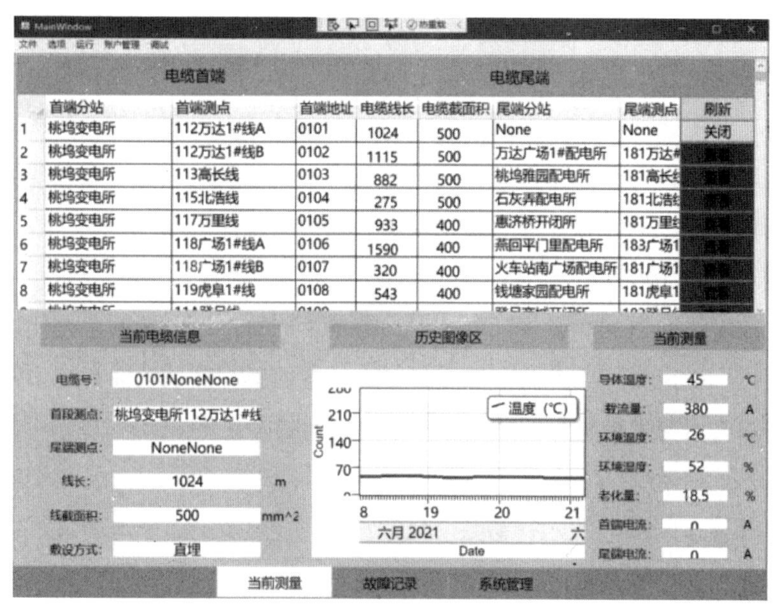

图8-11　当前测量界面

2.故障诊断

监测管理系统对各项监测数据计算和显示后，将根据各项监测数据对当前各段电缆的运行状态进行诊断和分析。若出现故障或异常状态，将在故障记录界面进行报警记录。如图8-12所示，监测管理系统的诊断流程包括单项诊断、单相接地故障诊断，以及基于综合信息的火灾风险等级诊断。

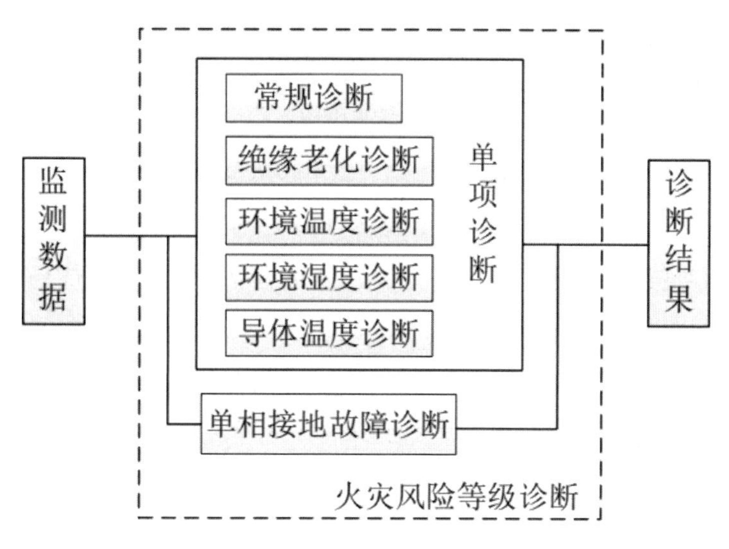

图8-12　监测管理系统诊断流程

（1）单项诊断

其中常规诊断是指监测点的增加和丢失。在每一个监测周期内，各监测点都必须向主站发送监测数据，若主站接收到该点数据，则表明该监测点工作正常，若接收不到该点数据，则说明该监测点已失效，将作为故障记录量。其他的单项诊断主要指异常监测量的诊断，当电缆绝缘老化程度达到“中度”以上时，将作为故障记录量，说明电缆绝缘可能已经老化；当环境温度达到60℃以上时，将作为故障记录量，说明有外部热源；当环境湿度达到80%以上时，将作为故障记录量，说明电缆所处环境潮气严重；当电缆本体或接头处导体温度达到90℃以上时，将作为故障记录量，说明电缆异常运行。

（2）单相接地故障诊断

单相接地故障诊断根据本文第二章所提到的基于护层接地电流的单相接地故障定位步骤进行区段定位，确定故障电缆段。然后根据第二章的单相接地电弧自熄灭判据对故障电缆段的电弧自熄灭情况进行判定，并将诊断结果进行故障报警。

（3）火灾风险等级诊断

火灾风险等级诊断从电缆运行参数、电缆故障与电缆敷设3个方面进行综合诊断。若火灾风险等级达到橙色等级将进行故障报警。

3.参数设置

用户可以在系统管理界面对电缆段的首端信息、末端信息、电缆编号、截面积和长度进行设置。同时可以添加或删除电缆段，以及将电缆段首端和末端监测点与监测终端进行关联。

4.用户管理

用户可以在管理菜单栏中进行相应的管理操作。管理菜单栏位于各个界面的左上角，由“文件”“选项”“运行”“账号管理”和“调试”5个菜单命令组成。

（1）“文件”菜单的下拉列表中包括“查看历史文件”和“Exit”命令按钮，点击“查看历史文件”命令按钮可以查看监测点的历史数据。

（2）“选项”菜单的下拉列表中包括“查看历史故障信息文件”和“清空故障历史记录”命令按钮。点击“查看历史故障信息文件”命令按钮可以查看所有的历史故障记录信息；点击“清空故障历史记录”命令按钮可以清除故障记录界面中已处理的故障历史记录。

（3）“运行”菜单的下拉列表中包括“接收采样数据”和“停止”命令按钮。点击“接收采样数据”命令按钮表示监测系统开始正式运行。

（4）点击“账号管理”菜单命令可以创建账户和修改密码。

（5）点击“调试”菜单命令可以导入可通信的测点，用于安装调试。

第三节　电力电缆工程质量评价

一、工程质量管理及其评价方法相关理论

（一）工程质量管理相关理论

1.质量管理

产品质量水平是社会经济发展的重要元素，其代表了企业、国家的经济发展水平，集中体现了一国或地区的核心竞争力。从广义的层面分析“质量”泛指产品、过程、组织达到相关指标特征的情况。我国的国家标准虽然在对质量定义的表述方式上与国际标准化组织有一些细微差别，但是“质量”的内在含义都是相同的。自我国实现工业化以来，质量管理理论主要经历了如下三个发展阶段：首先是质量检验；其次是统计质量管理；最后是全面质量管理。实践中形成了一系列先进的质量管理办法。为了达到提高质量的目标就必须建立完善的质量管理系统，以充分协调，统一质量保证、控制、策划、检验、改进等各要素，明确质量管理所要实现的目标，以确保目标的达成。

对于质量的概念研究，一些发达国家形成了诸多具有代表性的定义。Joseph Juran在研究中，基于用户的层面将质量定义为适用性。质量就是产品上市后造成的社会损失，则是从社会损失的角度来对质量进行的重新定义。基于大众与社会发展需要，质量管理不断丰富理论，对质量各方面也提出了较高的要求，确定它为策划、保证、控制、监督和改进等管理活动的总和，是组织管理的中间部分。在质量管理过程中，先明确质量管理的总体目标和方针，然后具体构建质量管理体系，主要涉及计划、保证、控制、监督、改进等各要素，分解各级工作和管理人员的质量管理职责，从而履行各自的管理职能。质量目标和方针直接反映出了项目最高管理者的价值观和经营理念，是该项目的最高管理者所形成的总体宗旨和质量方向。质量方针是由最高层管理者明确各项运行机制，并通过编制执行质量记录、质量手册及各种管理文件，以实现对各种运行资源的合理分配，确保整个质量管理体系能够正常运行。从国家的层面分析可将质量管理理解为健全国家质量标准体系、实施国家质量振兴战略计划、具体落实产品质量市场监管体系的重要保障。质量管理涉及各个环节的管理活动，比如领导、策划、检测、组织、验收、控制等。健全的质量管理体系是质量管理充分发挥作用最终实现预期目标的关键。

2.工程质量管理

现阶段，工程质量为我国技术文件、工程合约、法律政策、技术要求等多个文件的集合体，能够对其满足要求的程度进行展现。工程质量具体包括：过程及活动自身质量与结果质量。一般认为工程质量应符合如下特点：

（1）单一性

由于工程项目的特色，决定了工程项目具有单一性，这是由于任何工程都是唯一的，没有可复制性。工程项目由最开始的设计到后期竣工验收，全部的参与条件都十分复杂，差异化的环境同样会影响工程的质量，所以出于保障项目的综合质量，在进行工程质量管理的过程中需要对各个工序予以充分关注。

（2）过程性

任何一个工程项目，由最开始的工程计划涉及招标、投标，直到最后投入实施，都是根据相应的流程执行的。每项工程中都含有许多子项目，任何一个子项目的实施状况都会影响工程项目的综合质量，所以在进行工程质量管理的过程中需要全方面监控工程实施。

（3）重要性

毋庸置疑，是否成功落实工程项目最根本的影响因素就是工程质量。它有着十分广泛的影响，在对企业发展与收益产生较大影响的同时，同样能够在一定程度上影响到政府部门的监督管理能力，更有甚者会影响到整个行业的稳定。因此很多工程的质量情况好坏与否，往往会产生巨大的社会影响。

（4）综合性

施工期间涉及的条件较多，包括物资的购买、可行性分析、设计报告、施工与竣工等，同时有着相对较长的时间周期，涉及的参与单位也很多，质量控制过程也更加烦琐，需要企业关注工程推进过程中的方方面面，为产品质量提供充分保障。综合上述内容可知，可看出工程项目质量是能够满足国家建设和社会需求所具备的自然属性。

根据以上内容能够发现，工程的本质在于转化输入内容，从而实现输出。输入内容有对于质量计划的设定与各类资源的组织等。并且在转换过程质量期间，输出能够对项目质量所需的工作、产品、服务内容进行充分的满足。工程质量管理也就是利用工程的阶段性或最终结果和工程质量的预期标准相比，深入分析其中的不足，存在问题的原因。在明确质量问题的情况下，通过修正或消除的方式，对出现的问题进行及时处理，以便实现预期的目标。

所以，项目工程的质量管理包括三个部分，分别为对质量标准进行规定，对活动质量进行评价，对质量偏差进行纠正。

（二）工程质量评价的相关理论

1.综合评价法

（1）构成综合评价问题的要素

通常认为综合评价应该包含众多要素，其分别是评价模型、评价与被评价人、权重指标、评价结果、评价目的等。综合评价的目的在于对目标进行明确，促进质量管理能力的提升就是评价电力电缆项目工程质量管理的目的。继而需要对被评价人进行明确，如果类型相同评价对象的数量在1以上，则须进一步研究，需要确定被评价人（唯一的）。这里的评价者可以是个体，也可以是团体、单位等。并需要利用数学方法或创建相关模型的方式，合并数量基数较大的评价指标值，创建完整的评价体系，对评价结果进行研究。

（2）综合评价方法分类

从当前形势来看，许多专家在研究工程质量管理的过程中更多偏向于对综合评价方法的讨论，在这方面的经验比较丰富。通过结合当前研究现状与已有经验，根据理论资料的差异能够对综合评价方法进行下列几种分类：

第一种为常规综合评价法，一般是利用比较直接的方式对事情进行简单评价，如主观评价法、调查评分法等。

第二种是利用因子分析的方式进行评价，如因子分析法、成分分析法。通常情况下这种方法有着较为复杂的计算过程，需要经过程序编码才能够完成。

第三种为运筹学中经常采用的方法，如层次分析法、模糊综合评价法等。

第四种是现阶段刚开始运用的方法，如人工精神网络评价法、灰色综合评价法等。此类方法通常需要基于科技发展与软件技术提升的条件下使用，有着较高的学习难度，在计算机的支持下才能够完成。

第五种为组合法，也就是通过将多种评价方法的优点结合起来的一种方法，包括层次分析法结合模糊综合评价法等。

（3）综合评价程序

虽说当前已经形成了众多评价方法。从具体评价方法分析可知不同的评价方法虽然在应用上存在一些差异，但是在思路上是比较接近的。综合评价通常是对评价对象进行确认，继而创建相关指标系统，对指标权重进行计算，从而实施综合评价，在此基础上分析所得结果：①对评价对象的确立，通常以某个事物的特定阶段为评价对象。②评价目标要明确，即明确进行综合评价的目的。③组织评价小组。从构成上看，其人员应该包含如下三大类型：第一类是技术专家；第二类是管理专家；第三类是评价专家。④对评价指标系统进行确认，也就是对所有能够对评价对象实际状况进行反馈的各类条件进行列举。⑤选择评价方法。确保评价目标与方法一致，评价对象需要能够适应评价方法。⑥评价模型的选择与建立。应该以评价对象的常规特征为切入点构建模型。模型构建是实现综合评价的关键点，应对模型的合理性与可行性予以更多关注。⑦评价结果分析。一般条件下，综合评价过程中主观判断较多，但是实施结果分析的过程中，首先要充分尊重客观事实。

（4）筛选评价方法原则

评价方法的选择是进行综合评价的关键，评价方法应于评价对象有着较高的实用性，需要能够对评价所需条件进行充分满足，同时从评价对象、目的等角度进行综合考察。除

此之外，如果评价对象不同但是采用同样的评价方法，也会得到不同的结果，需要根据评价要素特征来不断完善评价方法。

总体来讲，上述方法主要按照如下原则进行筛选：①首选熟练的、常用的方法；②评价方法中需要确保理论与实践相结合，这种评价方法的说服力更强；③在选择方法的过程中需要着重考虑其可行性与便捷性，应当选择简洁明辨的方法。

2.层次分析法

这种方法是根据层次不同将准则、方案、目标进行分解，而后一一定性与定量分析不同层次指标的方法，属于系统分析中比较实用且简便的方法。这种方法最突出的优势在于能够基于问题本身入手，对不同层次的内在关联与影响条件进行深入研究。在基于现有数据的条件下对模型进行构建，并且对问题进行定性分析的同时，还能够基于数学层面为研究提供理论基础。能够有助于定量问题的分析与处理，这种方法能够使定性问题转变为定量问题进行研究。在应用这种方法时首先需要分层次分析问题，也就是对问题的综合目标、各级目标和相关的评价标准进行明确，然后通过矩阵特征向量对问题进行求解。通过这种方式能够对底层影响条件对上级目标影响的优先权进行总结，同时通过加权或是递归的方式对目标加权值进行计算，这就是我们所需要的最优方案。但其同样存在一定的相对性，这种最优，也是从备选方案的角度来看的，主要是从上级目标的层面度量底层目标的重要程度。该方法一般可按照如下步骤展开：

（1）构建层次结构模型

本环节中以具体问题为导向分析相关影响条件，同时依照有关属性由高至低逐层分解，然后对影响上级与下级目标的条件进行分析。顶层目标即所需研究的综合目标，通常只有一项条件能够对其产生影响；中间则可能有多个层次，其实质为准则；底层则为对象层。如果中间级影响条件较多，可以对其实施进一步分解。

（2）构造判断矩阵

判断矩阵的建立往往始于第二层级，其影响要素为本级与上一级的影响条件，通常利用比较法与比较尺度法对矩阵进行构造。利用同样的方式对判断矩阵完成逐层构造。

（3）计算权重向量一致性检验

对判断矩阵的特征根与特征向量进行计算，然后通过随机一致性指标等来完成一致性检验。通常而言，可将权向量设置为检验向量，在难以利用检测向量情况时需要完成判断矩阵的重新构建。

3.模糊综合评价法

从实现原理和具体实现过程层面而言，层次分析法和模糊综合判断法两种方法具有较大差异，这一方法的理论技术称之为模糊数学方法，该方法可实现定性问题向定量问题的转换。通过数学模型构建来对评价指标予以计算和分析。这种方法在对最终目标和结果进行评价时具有比较广泛的适用性特点，这一特性使其对于非确定性问题处理效果较好。

模糊数学评价方法是在模糊数学基础上集成和发展而来的，该方法主要通过隶属函数对差异性进行反映。20世纪80年代，日本首次在工业控制生产中采用了这种方法。这种方法在日本工业发展过程中的成功使用，鼓舞了许多国家，随后对于该项理论的研究热情高涨，许多发达国家纷纷开始在工业控制发展中使用这种方法。然而国内这项理论的发展却相对较晚，但是在我国社会主义经济市场持续发展过程中，该项理论在国内的使用过程中逐渐得到了良好的反馈。

这种评价方法的理论基础为模糊数学，通过将不同的模糊关系表达式进行组合并形成相应的组合形式，由此实现对不明确关系的定量描述，并且对系统中不同要素进行全面评价和判断，随后基于评价和判断结果进行综合评价。因为这种方法能够对一些模糊问题进行较好的处理，所以在评价要素等条件下具有较好的适应性。模糊数学评价方法可通过下述步骤来完成和实现：

（1）模糊综合评价指标构建

在评价过程中，先要对指标系统进行选择，指标是否合适能够对评价的精准与否产生决定性影响。并且在构架指标的过程中首先需要对有关法律政策与资料进行了解。

（2）权重向量的选择

在完成指标系统的选择之后基于经验法等不同方法实现对权重向量的选择，为后续评价提供必要的基础。

（3）构建评价矩阵

在完成向量选择之后，创建隶属函数并由此获取评价矩阵。

（4）评价矩阵和权重的合成

在将上述构建的权重矩阵和评价矩阵予以合成之后，将根据实际情况完成合成因子的选择，合成因子也是进行最终评价的关键所在。

这种评价方式的数学模型基于其层次结构，能够进行一级模型与多层模型的划分。问题处理过程中，不同条件内部存在比较复杂的关系，一些因素之间存在并列关系，除此之外还有一些其他因素为因果关系。在出现此类情况时如果只通过一级模型进行评价和分析会使得最终评价内容太过简单，很难对不同权重进行综合考量。并且，如果在同一层次中对不同的条件进行权重划分，会导致评价结果受到影响，无法对客观情况进行充分的反馈。

对具体项目进行决策与识别期间，模糊综合评价往往是多元化的。电力电缆工程质量评价受多种因素的影响，一般通常对不同影响采用加权平均或总分相加的方式，然而这种影响导致的模糊性无法仅通过分数相加来处理。而模糊综合评价方法很好地解决了这一问题，为电力电缆工程质量评价提供了一种较有效的方法。

二、电力电缆工程质量综合评价指标体系

（一）电力电缆工程质量管理相关理论

1.电力电缆工程施工质量

（1）施工质量管理

施工质量管理指的是基于标准条件与有关政策条件下，依照项目政策和规划，为工程目标的顺利达成提供保障的一种方式。施工期间，通过现代化技术方法来控制管理施工工艺、人员条件、计划方案、标准技术等。

（2）电力电缆工程施工质量管理

电力电缆工程的涉及范围比较广泛，工程难度较大、工艺复杂，同时时间周期较长。所以该类工程的质量管理与常规项目相比有着更高的难度。因为这项工程有着较高的社会价值，所以需要从工程项目自身质量、过程质量与项目综合的利用价值等多个层次去考察工程的质量。这项工程的质量管理需要对上述三项条件进行充分满足，同时需要对施工期间的所有有关工作内容进行管理，例如控制、组织、计划、检查监督等。

（3）电力电缆工程施工质量管理的内涵

电力电缆工程施工质量管理是针对电力电缆工程项目的沟槽及模板工程、钢筋混凝土工程、管道敷设工程、放缆工程等施工过程中对质量进行控制。为的就是在控制成本的基础上，确保预期目标的顺利达成，同时对施工期间的风险进行规避，防止产生安全事故。

2.电力电缆工程施工的质量特点

（1）影响因素多

因为电力电缆工程的施工地点较多、不集中，所以施工环境相对较差。同时由于其具有较多的中间过程和较高的技术要求，在人员规划、技术方法、物资安排上都有更多的要求，所以有许多因素都能够对其质量产生影响。

（2）质量波动大

因为电力电缆工程的实施地点通常在户外，流动性特征较强，会受到许多条件的影响，与工业生产有着较大的差距。工业生产过程中环境稳定、技术规范、流水线固定，同时设施设备齐全。所以电力电缆工程的波动性较大，且十分不稳定。

（3）质量隐蔽性

基于电力电缆工程处于地下敷设的特殊性，往往整个工程大部分甚至全部均为隐蔽工程，所以，其质量也存在一定的隐蔽性。部分过程中的问题难以被察觉，但是在工程进入到使用过程中就能够发现其中存在的弊病，所以应在施工阶段对所有问题进行监督检查，尽早发现问题然后进行调整，防止后续损失的产生。

（4）验收的局限性

由于电力电缆工程无法进行拆解，在验收过程中也只能检查表面问题，对于其中存在的内在质量问题无法进行检测，所以电力电缆工程验收存在着不可避免的局限性。在进行质量控制过程中首先要预防问题的产生，防患于未然。

3.电力电缆工程施工的质量影响因素

质量影响因素是电力电缆工程施工质量管理计划与实施的一个重要依据。能够对工程质量产生影响的条件包括人、机、物、法、环等，也就是4M1E因素。

（1）人的因素

不管是从工程建设层面，或者是质量管理控制方面，人都是其中的主体，若是在施工过程中由于人为产生失误，可能会影响到工程质量。但是以实际经验分析，人为条件同样是工程质量管理中十分关键的影响条件，人为因素造成的质量问题无法提前预知，且存在一定的必然性。所以针对人为导致的质量问题通常只能基于现有经验的条件下，采用合理的制度对其进行规范，降低人为因素导致质量问题产生的频率。从其他层面分析，若是工程队伍的质量观念与技术能力较高，对于工程质量的稳定性能够起到较大的保障作用。

（2）机械因素

从电力电缆工程发展角度分析，野外施工环境分散且复杂，同时有许多高难度作业与高空作业，所以在建设现代化工程期间，良好的机械配置很关键。针对部分高精确度与高难度施工任务，专业的设施可靠性更强，所以对机械进行合理利用能够在极大程度上对施工难度进行控制，同时有助于施工质量与施工效率的提高。然而如果存在机械的不合理使用也会导致工程项目出现安全风险，基于此可知在实际项目施工过程中应当对机械设备的管理与使用多加关注，防止由于机械使用不当导致安全事故的产生。同时对规范使用机械予以更多关注，为机械性能的充分发挥提供保障，降低事故产生频率。

（3）物资因素

物资因素指的是在工程项目施工过程之中所适用的所有物资和材料。材料是工程项目建设的必要基础和核心所在，能够直接决定工程质量。若是所选择材料不合理，会导致工程质量无法得到保障。所以在电力电缆工程建设期间需要严格管控材料质量，对于材料的购买、管理与应用的各个阶段都须严格监管。

（4）方法因素

能否正确使用施工方法同样能够影响工程的质量，因此在电力电缆工程推进过程中，应与工程的质量要求和实际状况相结合，综合分析设计方法，为方法的科学合理提供保障。除此之外还要严格管控施工中工艺及方法的应用状况。

（5）环境因素

环境因素包括以下三方面：首先为工程技术环境，指的是项目所在地的技术创新能

力、技术能力发展方向、技术水平、技术政策等；其次为项目施工的自然环境，包括地质特点、气候特征等；最后是项目管理环境，包括人力资源状况、管理制度和系统等。

4.电力电缆工程施工的质量管理原则

（1）质量至上原则

电力电缆工程的社会性功能较强，若是出现质量问题，必然会对社会电力供应造成一定影响，严重的话会对社会稳定造成极大的危害。所以，该项工程的质量必须过关，在工程建设过程中确保“质量至上”的理念。

（2）以人为本原则

电力电缆工程的制造者同样为项目的主体，就是人。所有的质量控制与质量管理过程都需要以人为主体，使项目的参与对象都能够参与到工程的质量管理任务当中去，所有个体都需要保障工程的质量；并且，因为人为因素对于项目发展十分关键，所以若要确保工程的质量，就需要高水平的技术人员的支持，专业技能素质高经验丰富的员工对于项目的开展十分重要，能够有助于工程质量的提升。

（3）预防为主原则

这一原则主要指的是对于事前与事中的预防和控制，仅通过事后检查是无法发现项目中存在的问题的，因此应从根源处对质量问题进行控制。

（4）遵循质量标准原则

工程质量标准分为管理标准、技术标准、流程标准等内容。施工期间应坚持质量达标，及时调整项目过程中与标准不符的内容。

（5）管理方法科学性原则

在管理电缆电力工程的过程中，应确保使用科学合理的方式进行管理。在现实客观的基础上，采用最合理的方式进行电缆电力工程的过程管理，同时为科学方法的应用提供保障。

（二）电力电缆工程质量综合评价指标体系的建立

1.基于层次分析法的评价体系构建和指标权重确定

（1）质量评价体系的构建

层次化过程的基本要素是先完成问题的分类，随后基于分类问题的不同特征来实现目标问题的拆解，并将问题归纳为不同构成因素的组合，随后依照不同的因素来实现不同结构框架的构建。其过程可通过下述步骤实现：①建立分层模型；②计算出每个影响因素各自的相对权重，构建出比较矩阵；③计算每层的元素，将分层总排序的权重进行组合。

电力电缆工程的施工质量受多种因素影响，即与施工单位的施工水平和管理水平息息相关，又受到各种不同的客观条件约束。但不管受到的影响因素有多少种，施工质量的高低都会反映在工程建设成果上。因此若想考量其工程质量的高低，可以对电力电缆工程自身进行综合评价。它的层次结构模型可以分解为三个层次：目标层、指标层和准则层。

①目标层

它是电缆工程施工质量评价最终结果之一。在工程质量评价体系构建时首先要对整体工程的质量进行评价，即要保证整体工程质量评价结果为优良，这也是质量评价体系目标层的重要基础之一。

②准则层

准则层是影响工程质量结构体系的重要分工程之一。各分部工程的质量决定着电力电缆工程的整体质量。参考国家电网公司新的《电力电缆工程质量检验及评定标准》，结合本人多年来参与电力电缆工程项目施工和验收的经验，本文电力电缆的工程准则层分为下列四个工程：沟槽及模板工程；钢筋混凝土工程；管道敷设工程；放缆工程。通过指标的权重，即需要分析和计算指标的重要性，可以判断出不同的准则层对整体质量的影响大小。

③指标层

对电力电缆的评价标准给予必要参考，指标层同样也是评价体系中的基本层级。在完成指标评价体系的指标层构建之后还不能对工程质量评价予以直接指导和评估，因为没有精细化到具体的质量问题，所以准则层只列在各个子项目中。结合电力电缆工程质量评估和检查程序，将准则层中的四个影响因素转化为相应的质量评价指标，由此为后续质量评价提供必要依据。

沟槽及模板工程所包含的主要因素包含下述方面内容：基底及回填土土质、沟槽外形尺寸偏差、模板强度和稳定性、模板安装尺寸偏差。

钢筋混凝土工程包括的因素有：钢筋质量规格、钢筋保护层厚度、混凝土质量和保养、混凝土构件尺寸偏差。

管道敷设工程包括的因素有：管材质量规格、管道疏通情况、管枕安装和孔位偏差、工井预埋铁件情况。

放缆工程包括的因素有：电缆本体质量、电缆弯曲度、放缆过程绝缘损伤、电缆接头制作。

当使用层次分析法时，电力电缆工程质量评价包含下述子工程：沟槽及模板工程、钢筋混凝土工程等。根据它们之间不同级别的组成关系和相互之间的联系及从属关系，这些主要因素又被更加精细地分解为下一级影响因素，因此形成了多级模型。

（2）指标权重的确定

根据层次分析法可知，确定权重指标是十分必要的，其能够对评价期间指标的用途与地位进行反馈，直接影响评价结果的好坏。权重所反映的是不同指标对于整个评价体系的重要程度，从这一层面而言权重具有下述特性：

①模糊性

由于评价指标具有一定的“重要性”，但同评价指标体系的精准度量需求不太相符，边界与定义较为模糊，在“十分重要”“重要”“比较重要”中并未充分明确划分。反映出从定量到定性的过渡过程中的差异。因此，模糊特征也被明显地表达在了权重的表达式中。

②主观性

无论采用上述何种评价方法，在很大程度上都存在一定的主观性特征，就算是比较有经验的专家在对指标权重进行确认的过程中，同样无法对事物原有状态予以反馈，在指标体系中不同指标的影响下对于评价最终结果也会存在一定差异。由此可知在进行指标权重确定时需要对不同问题予以分别考量，除此之外还要考虑其他因素，如专家选择和观点等因素的影响。

③权重的不确定性

权重的不确定性体现在内容方面。内容有量化和半量化两种不同方法，以及指标内部、性质、数目和协同关系的情况等，决策者不同会导致相关条件与误差的差异，这是造成定量指标不确定的主要原因。该方法的不确定性包括所选方法的范围和有效性，以及自由选择方法。

层次分析法的基本实现原理是将指标权重体系作为一个大的系统，并基于其中各种影响因素来分析本来复杂的问题，并找出各影响因素的相互关联水平；接着让专业人员针对要素的相关性展开研究并且通过定量分析的方式给出结果。并且构建数学模型来研究各个层级、每一种影响因素之间的相对重要性，以此来确定它们各自所占的比重，最后完成排序，并基于此结果进行决定。

2.基于模糊综合评价法的电力电缆工程质量评价

首先，通过层次分析法构建质量评价体系发现，电力电缆工程的标准，尤其是施工作业里电力电缆工程的标准无法被准确计量，并且很多相关要素都缺乏清晰度，也无法利用分数相加的方式来进行评定。模糊综合评价模式，即对评价目标的评价集、因子集进行具体规定，并且规定所有因子的归属权及占比，通过上述方式获取模糊判断矩阵。要归一化模糊判断矩阵的要素模糊运算与权重权，以最终实现模糊综合评定。模糊综合评价的方法是将模糊数学作为前提来展开的，主要依赖模糊关系合成法。在实际研究过程中主要是对不确定边界及不确定关系的模糊对待，继而评价所有的要素。并且将多种影响因子都纳入到考虑范围里，继而实现了模糊综合评价。这种模式可以被用来更加高效地研究日常遇到的模糊问题。所以该方法拥有很高的实用价值。同时，其自身的评价要素具有很好的合理性。实践表明，构建数字模型是进行模糊评价最重要的元素，同时需要结合数字模型的差异具体构建单层或者多层模型。

参考文献

[1]王海青，乔弘.电力工程建设与智能电网[M].汕头：汕头大学出版社，2022.

[2]赵国辉，程晶.电力工程技术与新能源利用[M].汕头：汕头大学出版社，2022.

[3]孙秋野.电力系统分析[M].北京：机械工业出版社，2022.

[4]李岩，张瑜.电气自动化管理与电网工程[M].汕头：汕头大学出版社，2022.

[5]王信杰，朱永胜.电力系统调度控制技术[M].北京：北京邮电大学出版社，2022.

[6]张保会，尹项根.电力系统继电保护[M].北京：中国电力出版社有限责任公司，2022.

[7]顾丹珍，黄海涛.现代电力系统分析[M].北京：机械工业出版社，2022.

[8]连潇，曹巨华.机械制造与机电工程[M].汕头：汕头大学出版社，2022.

[9]张惠娟，吕殿利.工程电磁场[M].北京：机械工业出版社，2022.

[10]刘欢，姜炫丞.电力工程数字监理平台理论及实践[M].南京：南京东南大学出版社，2021.

[11]郭廷舜，滕刚.电气自动化工程与电力技术[M].汕头：汕头大学出版社，2021.

[12]袁庆庆，符晓.MATLAB与电力电子系统仿真[M].上海：上海科学技术出版社，2021.

[13]张恒旭，王葵.电力系统自动化[M].北京：机械工业出版社，2021.

[14]陈荣.电力电子技术[M].北京：机械工业出版社，2021.

[15]万炳才，龚泉.电网工程智慧建造理论技术及应用[M].南京：南京东南大学出版社，2021.

[16]阮新波.电力电子技术[M].北京：机械工业出版社，2021.

[17]何良宇.建筑电气工程与电力系统及自动化技术研究[M].北京：文化发展出版社，2020.

[18]张盼.电力环保及应化专业毕业设计指南[M].北京：冶金工业出版社，2020.

[19]王贵峰，朱呈祥.电力电子与电气传动[M].西安：西安电子科学技术大学出版社，2020.

[20]张波，丘东元.电力电子学基础[M].北京：机械工业出版社，2020.

[21]杨浩东，鲁明丽.电力电子技术[M].北京：机械工业出版社，2020.

[22]汤大勇.电力客户服务[M].重庆：重庆大学出版社，2020.

[23]谢远党.电力电子及电工实训教程[M].武汉：华中科学技术大学出版社，2020.

[24]何惠清，韩坚.配电网工程建设管理[M].镇江：江苏大学出版社，2020.

[25]沈润夏，魏书超.电力工程管理[M].长春：吉林科学技术出版社，2019.
[26]韦钢.电力工程基础[M].北京：机械工业出版社，2019.
[27]裴明军.电力大数据技术及其应用研究[M].徐州：中国矿业大学出版社，2019.
[28]李洁，晁晓洁.电力电子技术：第2版[M].重庆：重庆大学出版社，2019.
[29]何惠清，罗若.泛在电力物联网[M].镇江：江苏大学出版社，2019.
[30]闻捷，沙利民.电力建设工程法律风险与防控[M].南京：东南大学出版社，2018.
[31]刘小保.电气工程与电力系统自动控制[M].延吉：延边大学出版社，2018.
[32]张志军.电力内外线[M].郑州：河南科学技术出版社，2018.
[33]徐春燕，雷丹.电力电子技术[M].武汉：华中科技大学出版社，2018.
[34]杨剑锋.电力系统自动化[M].杭州：浙江大学出版社，2018.
[35]李慧.电力工程基础[M].石家庄：河北科学技术出版社，2017.